无人机操控员电力巡检手册

新疆送变电有限公司　组织编写

化学工业出版社

·北京·

内容简介

本书根据国务院和中央军委颁布的《无人驾驶航空器飞行管理暂行条例》的要求，结合中国民航飞行员协会即将颁布的《民用无人机电力巡检应用专业操控员考核规范》，从无人机培训和执照的获取、无人机操控员电力巡检作业两个方面系统展开。具体内容包括：中国民航局无人机执照取证的要求、流程和考核要求；电力巡检对巡检指标的要求、负载模块的功能、作业流程、数据的处理以及无人机巡检系统维修保养等专业知识。

本书以无人机电力巡检培训为目标，以电力巡检飞行技巧和专业后处理技术能力为核心，集合了无人机执照培训和取证，构建了无人机电力巡检培训技术体系。读者从零起步，可以全面掌握无人机电力巡检培训知识，提升电力巡检飞行技巧。

本书的读者对象为拟考取中国民航飞行员协会电力巡检无人机合格证的人员，包括从事电力巡检的国家电网系统人员以及开设无人机专业的职业院校的学生等。

图书在版编目（CIP）数据

无人机操控员电力巡检手册 / 新疆送变电有限公司组织编写 . -- 北京：化学工业出版社，2024. 11.
ISBN 978-7-122-46429-3

Ⅰ . TM726-62

中国国家版本馆CIP数据核字第2024SP3816号

责任编辑：葛瑞祎　　　　　　　　文字编辑：宋　旋
责任校对：李雨晴　　　　　　　　装帧设计：韩　飞

出版发行：化学工业出版社
　　　　　（北京市东城区青年湖南街13号　邮政编码100011）
印　　装：河北延风印务有限公司
710mm×1000mm　1/16　印张11　字数137千字
2024年12月北京第1版第1次印刷

购书咨询：010-64518888　　　　　售后服务：010-64518899
网　　址：http://www.cip.com.cn
凡购买本书，如有缺损质量问题，本社销售中心负责调换。

定　　价：59.00元　　　　　　　版权所有　违者必究

编审人员名单

主　编：陈　辉　梁　峰

副主编：柯玉宝　段志勇　张燕春　潘　镇

参　编：杜　平　张　博　付　豪　黄浦江　李　根

　　　　贺义平　何慧晶　许　博　郑　洁　赵　鹏

　　　　王夏峰　孙　烨　郝　琦　孟雅妮　何　宁

主　审：于　龙

前言

　　电力巡检是对相关电力设备进行检查，及时发现隐患，以便排除。变电站、输电站、杆塔、发电厂的输变电线网络等都需要日常巡检维护，特别是杆塔、线路、变电站等，其设备数量和种类多，各设备环环相扣，加上线路长，一旦隐患未及时排除，轻则无法正常运行，重则影响周边大面积区域的正常生产生活，甚至造成人身伤害。传统的人工巡检方法不仅工作量大，且流程复杂、费时费力、危险系数高，特别是对山区和跨越大江大河等不同地域、绵延于复杂地形上的输电线路巡检，以及在冰灾、水灾、地震、滑坡情况下或在夜晚期间的巡线检查，巡检工作困难且会消耗大量人力。对于某些特殊线路区域和巡检项目，人工巡检方法目前还难以完成。

　　无人机产业的高速发展催生了很多的应用，尤其是无人机的电力巡检应用。在电力巡检领域，无人机巡检已逐步代替人工进行日常巡检工作。同时，无人机的电力巡检离不开无人机法律法规，本书结合国务院和中央军委最新颁布的《无人驾驶航空器飞行管理暂行条例》和中国民航飞行员协会即将颁布的《民用无人机电力巡检应用专业操控员考核规范》要求，系统介绍中国民航局无人机执照取证的要求、流程和考核要求，以及电力巡检对巡检指标的要求、负载模块的功能、作业流程、数据的处理以及无人机巡检系统维修保养等专业知识。

本书由新疆送变电有限公司组织编写。在编写过程中，编写人员与国内众多专家学者和业内资深人士进行了深入交流和讨论，有针对性地采纳他们的观点并吸取了其建议。中国民航飞行员协会、北京享飞就飞航空俱乐部有限公司、北京优云智翔航空科技有限公司、山东电子职业技术学院、济南信息工程学校、山东御航智能科技有限公司提供了大力支持，在此表示感谢。

限于编者水平有限，书中不妥之处在所难免，恳请读者批评指正。

编 者

目录

第一部分

无人机电力巡检概述

第一章

无人机概述

第一节　无人机的概念

无人驾驶航空器（Unmanned Aircraft，UA），是由遥控站管理（包括远程操纵或自主飞行）的航空器，也称遥控驾驶航空器（Remotely Piloted Aircraft，RPA），以下简称无人机，如图 1-1 所示。

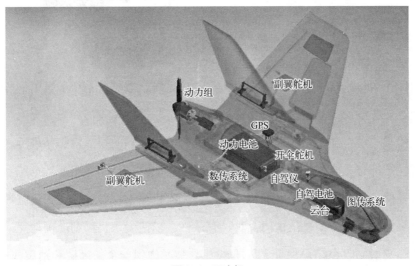

图 1-1　无人机

无人机系统（Unmanned Aircraft System，UAS），也称遥控驾驶航空

器系统（Remotely Piloted Aircraft System，RPAS），是指由一架无人机、相关遥控站、所需指令与控制数据链路，以及批准的型号设计规定的任何其他部件组成的系统，如图 1-2 所示。

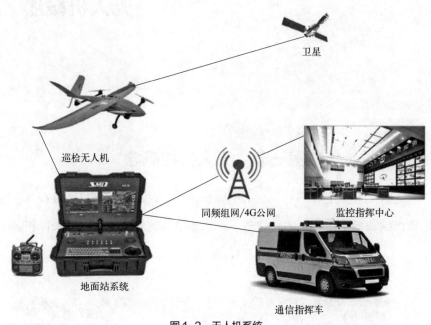

图1-2 无人机系统

无人机系统主要包括飞机机体、飞控系统、数据链系统、发射回收系统、任务载荷等。飞控系统又称为飞行管理与控制系统，相当于无人机系统的"心脏"部分，对无人机的稳定性及数据传输的可靠性、精确度、实时性等都有重要影响，对无人机的飞行性能起决定性的作用。数据链系统可以保证对遥控指令的准确传输，以及无人机接收、发送信息的实时性和可靠性，以保证信息反馈的及时、有效性，以便无人机顺利准确地完成任务。发射回收系统可保证无人机顺利升空，达到安全的高度和速度飞行，并在执行完任务后从天空安全回落到地面。任务载荷是无人机执行相应任务时搭载的设备。

第二节 无人机的分类

一、按飞行结构分类

（一）旋翼无人机

旋翼无人机是一种重于空气的航空器，其在空中飞行的升力由一个或多个旋翼与空气进行相对运动的反作用获得，与固定翼航空器为相对的关系。现代旋翼无人机主要包括单旋翼带尾桨式无人直升机、双旋翼共轴式无人直升机以及近年来蓬勃发展的多轴无人飞行器。按结构形式分类如下。

1. 单旋翼带尾桨式无人直升机

它装有一个旋翼和一个尾桨。旋翼的反作用力矩，由尾桨拉力相对于直升机重心所构成的偏转力矩来平衡。虽然尾桨消耗一部分功率，但这种结构形式构造简单，操纵灵便，应用极为广泛。

2. 双旋翼共轴式无人直升机

它在同一转轴上装有两个旋转方向相反的旋翼。其反作用力矩相互平衡。它的特点是外廓尺寸小，气动效率高，但操纵机构较为复杂。

3. 多轴无人飞行器

它是一种具有两个旋翼轴以上的无人旋翼航空器。由每个轴末端的电动机转动，带动旋翼从而产生上升动力。旋翼的总距固定而不像直升机那样可变。通过改变不同旋翼之间的相对速度可以改变推进力和扭矩，从而控制飞行器的运行轨迹。

（二）固定翼无人机

目前，电力巡检采用的固定翼无人机主力机型是成都纵横公司、远渡公司研发的复合翼垂直起降无人机（大鹏系列），采用固定翼结合四旋翼的复合翼布局形式，以简单可靠的方式解决了固定翼无人机垂直起降的难题，兼具固定翼无人机航时长、速度高、距离远的优点和旋翼无人机垂直起降的功能。为大鹏系列无人机专门研发的工业级飞控与导航系统能够保证无人机全程自主飞行，无须操作人员干预完成巡航、飞行状态转换、垂直起降等飞行阶段。大鹏无人机不需要起降跑道的特点，能保证它在山区、丘陵等地形复杂区域顺利作业，极大扩展了无人机应用范围，是电路线路通道巡检的主要工具。

1. 电动固定翼无人机

电动固定翼无人机是一种采用电力驱动的、机翼固定平伸在机体两侧的无人机。它通过机翼在空气中运动产生升力，具有航时较长、多载荷、易操控和全地形作业等特点。这类无人机广泛应用于航空摄影测量、边防监控、军事侦察、警情消防监控、电力巡检、城市规划、国土调查、矿产开发、应急救灾、森林防火、生态监测、防汛抗旱等领域。

此外，电动固定翼无人机还具有模块化设计和无工具拆装等特点，便于携带和维护。抗风能力和实用升限使其能够在各种复杂场景和极限环境中稳定可靠地使用。此外，无人机配备高精度机载 GNSS（Global Navigation Satellite System，全球导航卫星系统）、多冗余惯性导航融合算法、L1 非线性导航算法、TECS（Total Energy Control System，总能量控制系统）算法等先进技术，可快速完成数据采集任务。

2. 油动固定翼无人机

油动复合翼无人机是一种采用燃油驱动的、具有复合翼结构的无人机。复合翼无人机结合了固定翼和旋翼的优势，既可以垂直起降，也可以远距离飞行。油动复合翼无人机在军事、民用领域有广泛的应用，如侦察、监测、测绘、救援等。例如远度 ZT39V 油电混合复合翼垂直起降固定翼无人机是一款高性能油动复合翼无人机。其特点如下。

（1）高效气动设计：采用大展弦比机翼、高升力翼型、低风阻机身等高效气动设计，使得整机升阻比较高。

（2）先进的重油动力系统：结合高能量密度电池，最大航时可达 8h，处于同级别、同类型无人机中的较高水平。

（3）载荷质量大：结构质量低，最大可用有效任务载荷质量可达10kg，兼容多种载荷，如正射相机、倾斜相机、激光雷达、光电吊舱、高光谱成像等。

（4）航电高度集成化：四合一模块，体积小、质量轻、无电磁兼容问题。集成三余度飞控、差分定位模块、100km 图数一体化数据链、AI 人工智能模块。

（5）稳定可靠：采用三冗余度飞控，多个传感器互相独立工作，互为备份。差分双天线定向，即使在强磁场干扰的环境下，仍可以保持正确航向。

总之，油动复合翼无人机结合了固定翼和旋翼的优势，具有出色的飞行性能、航时长、载荷能力及适应性强等特点。随着无人机技术的不断发展，油动复合翼无人机在军事、民用领域的应用将更加广泛。

二、按质量分类

根据国务院、中央军委公布的《无人驾驶航空器飞行管理暂行条例》规定，可将无人机进行如下分类。

（1）微型无人驾驶航空器，是指空机质量小于 0.25kg，最大飞行真高不超过 50m，最大平飞速度不超过 40km/h，无线电发射设备符合微功率短距离技术要求，全程可以随时人工介入操控的无人驾驶航空器。

（2）轻型无人驾驶航空器，是指空机质量不超过 4kg 且最大起飞质量不超过 7kg，最大平飞速度不超过 100km/h，具备符合空域管理要求的空域保持能力和可靠被监视能力，全程可以随时人工介入操控的无人驾驶航空器，但不包括微型无人驾驶航空器。

（3）小型无人驾驶航空器，是指空机质量不超过 15kg 且最大起飞质量不超过 25kg，具备符合空域管理要求的空域保持能力和可靠被监视能力，全程可以随时人工介入操控的无人驾驶航空器，但不包括微型、轻型无人驾驶航空器。

（4）中型无人驾驶航空器，是指最大起飞质量不超过 150kg 的无人驾驶航空器，但不包括微型、轻型、小型无人驾驶航空器。

（5）大型无人驾驶航空器，是指最大起飞质量超过 150kg 的无人驾驶航空器。

第三节　无人机的飞行原理

一、升力产生的原因

无人机在空中飞行，必须有升力。升力大于重力，无人机上升；升力等于重力，无人机平飞或悬停；升力小于重力，无人机下降。如图 1-3 所示。

那么，升力是怎么产生的？

空气和水都是由自由流动的分子组成的流体。只要有温度，这些分子就会前后左右乱动，只有在绝对零度（－273℃）它们才会停止。在常温下，微观角度无数个分子撞击到某一个平面，这些撞击力之和就是我们测得的压力。

如果空气不流动，这些小分子会向四周均匀地撞来撞去，这时从任何位置测得的压力都是 1 个大气压。如果这些小分子集体向某个方向高速运动，那么它们大部分的能量将用来冲击运动方向，此时对周围其他方向撞击力小了，对周围的压力也就小了，小于 1 个大气压。所以水或者空气中

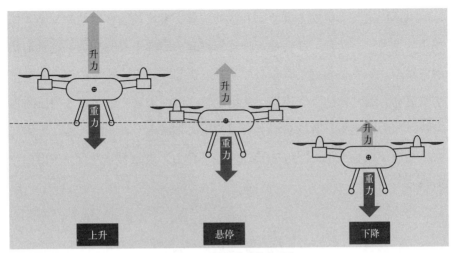

图1-3 无人机的升力与重力

速度快的地方压力就小；就是因为这种原因，龙卷风转得比周围空气快，压力就比周围空气小，它才能把周围的物体吸进去（其实是被周围空气的1个大气压压进去的）；水中的漩涡也是一样的。如图1-4所示。

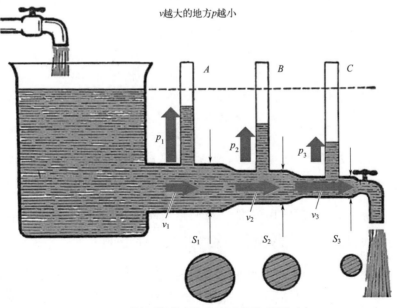

图1-4 伯努利经典实验（流速大的地方压力小）

对于固定翼飞机的主翼、直升机的旋翼、多旋翼飞行器的螺旋桨，如果用一把刀将其切开，都会是一种背部拱起、底部平坦的形状，这种形状就叫翼型。当翼型与空气有相对运动时，拱起或翘起的翼型背部将会挤压空气流动，这时背部空气相当于从粗水管流进细水管，细水管处的流速将变快，压力将变小，所以翼型上表面的压力将低于下表面的压力，机翼其实是被上下表面空气压力差托起来的，"升力"就这样产生了。如图1-5所示。

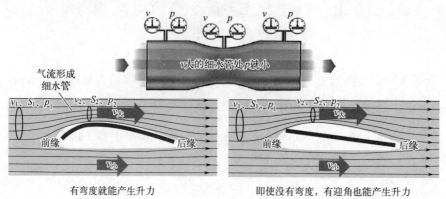

图1-5 翼型产生升力

二、升力公式

升力公式在流体力学中的"地位"相当于牛顿第一、二、三定律在物理学中的"地位"。升力公式从理论上定量地解释了航空器为什么能飞起来，也一定意义上定性地区别了航空器的类别。

根据升力公式可知：谁的机翼迎角大谁升力大；谁的机翼弯谁升力大；谁飞得快或者谁旋翼转得快谁升力大；谁的面积大谁升力大。

根据升力公式还可以得知：依靠变迎角飞来飞去的是直升机；依靠变弯度飞来飞去的是固定翼；依靠变气流速度飞来飞去的是多旋翼。如

图 1-6 所示。

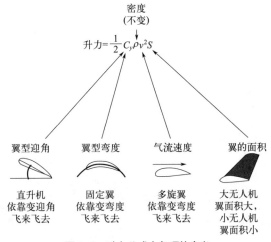

图 1-6　升力公式中各项的意义

1. 直升机

直升机飞行中，旋翼的转速都是固定的，不能变化。那么怎么改变升力大小呢？主要靠改变旋翼的迎角来实现（也叫变距）。在一个合适的迎角下，升力和重力平衡，直升机悬停；大于此迎角，直升机上升；小于此迎角，直升机下降。如图 1-7 所示。

2. 固定翼

固定翼飞行中，飞机的姿态会围绕重心变化。平飞时，各个舵面基本保持中立，主翼升力和重力保持平衡；需要进入爬升时，平尾上的升降舵上偏，整个平尾呈现反向的弯度，平尾出现向下的升力（气动力），尾巴向下压，飞机就抬头爬升；需要进入下降时，平尾上的升降舵下偏，整个平尾呈现正向的弯度，平尾出现向上的升力，尾巴向上抬，飞机就低头下降。如图 1-8 所示。

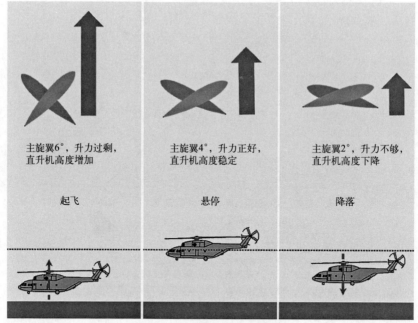

主旋翼6°，升力过剩，直升机高度增加

主旋翼4°，升力正好，直升机高度稳定

主旋翼2°，升力不够，直升机高度下降

起飞

悬停

降落

图1-7　无人直升机的起飞和降落

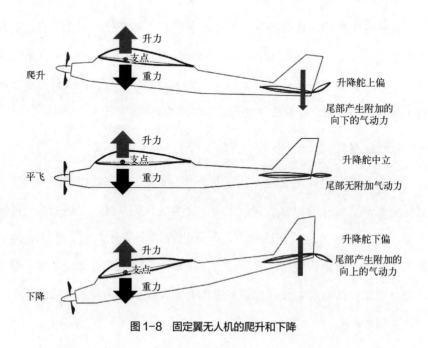

爬升　升力　支点　重力　升降舵上偏　尾部产生附加的向下的气动力

平飞　升力　支点　重力　升降舵中立　尾部无附加气动力

下降　升力　支点　重力　升降舵下偏　尾部产生附加的向上的气动力

图1-8　固定翼无人机的爬升和下降

3. 多旋翼

　　每架多旋翼都有一个巡航转速。在这个转速下，升力和重力平衡，多旋翼悬停；高于此转速，多旋翼上升；低于此转速，多旋翼下降。如图 1-9 所示。

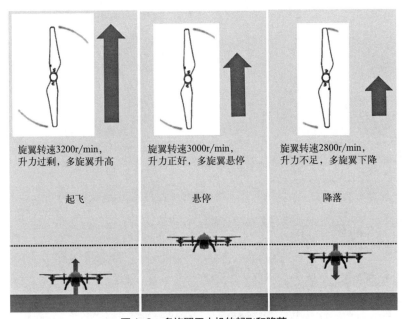

旋翼转速3200r/min，升力过剩，多旋翼升高

起飞

旋翼转速3000r/min，升力正好，多旋翼悬停

悬停

旋翼转速2800r/min，升力不足，多旋翼下降

降落

图 1-9　多旋翼无人机的起飞和降落

第二章

电力巡检无人机的组成及关键技术

第一节　无人机的系统组成

无人机系统主要由飞行器、控制站和通信链路三部分组成，如图 2-1 所示。

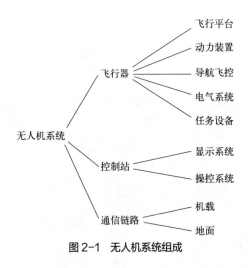

图 2-1　无人机系统组成

一、飞行器

飞行器是指能在地球大气层内外空间飞行的器械。通常按照飞行环境和工作方式，把飞行器分为航空器、航天器、空天飞行器、火箭和导弹、巡飞弹型无人机。根据定义，民用无人机属于航空器的范畴，其分类如图 2-2 所示。

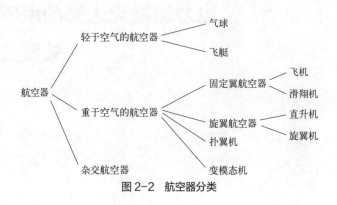

图 2-2   航空器分类

二、控制站

无人机控制站也称地面站、遥控站或任务规划与控制站。在规模较大的无人机系统中，可以有若干个控制站，这些不同功能的控制站通过通信设备连接起来，构成无人机地面站系统，如图 2-3 所示。

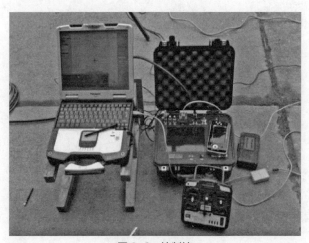

图 2-3   控制站

无人机控制站主要功能包括指挥调度功能、任务规划功能、操作控制功能和显示记录功能。指挥调度功能主要包括上级指令接收、系统之间联络、系统内部调控；任务规划功能主要包括飞行航路规划与重规划、任务载荷工作规划与重规划；操作控制功能主要包括起降操纵、飞行控制操作、任务载荷操作、数据链控制；显示记录功能主要包括飞行状态参数显示与记录、航迹显示与记录、任务载荷信息显示与记录等。

三、通信链路

无人机通信链路主要是指用于无人机系统传输控制、无载荷通信、载荷通信三部分信息的无线电链路。无人机系统通信链路机载终端常被称为机载电台，集成于机载设备中。视距内通信的无人机多数安装全向天线，需要进行超视距通信的无人机一般采用自跟踪抛物面卫通天线，如图2-4所示。

图2-4　通信链路

第二节　无人机的动力部分

动力装置是指无人机的发动机以及保证发动机正常工作所必需的系统和附件的总称。无人机使用的动力装置主要有活塞式发动机、涡喷发动机、涡扇发动机、涡桨发动机、涡轴发动机、冲压发动机、火箭发动机、电动机等。目前主流的民用无人机所采用的动力系统通常为活塞发动机和电动机两种，如图 2-5 所示。

(a) 活塞发动机

(b) 电动机

图 2-5   常用动力系统

一、活塞发动机

活塞式发动机也叫往复式发动机，由气缸、活塞、连杆、曲轴、气门机构、螺旋桨减速器、机匣等组成。活塞式发动机属于内燃机，它通过燃料在气缸内的燃烧，将热能转变为机械能。活塞式发动机系统一般由发动机本体、进气系统、增压器、点火系统、燃油系统、启动系统、润滑系统以及排气系统构成，如图2-6所示。

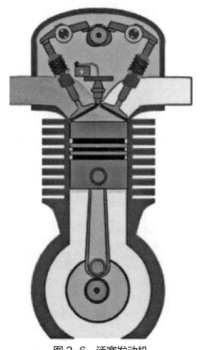

图2-6　活塞发动机

燃油系统主要由燃油箱、输油管路、燃油增加泵、防火开关和放油开关组成。燃油箱需要具有足够的容量，保证发动机正常工作时的燃油消耗。随着油箱内的油面下降，油量表传感器连续发出信号，地面站驾驶员通过远程油量表显示的数据就可以知道油箱内剩多少油。通常将油箱布置在机体重心附近，或者对称于机体重心放置。

　　输油管路处于燃油箱与发动机之间，是多个燃油箱之间连接的管道。一般大中型油动无人机输油管路纵横交错，连接形式也比较多，但通常可以概括为串联和并联两种形式；为了保持燃油箱内的油面压力大于燃油的饱和蒸气压，需要采用增压油泵来加大发动机燃油泵的入口压力。燃油增压泵大多采用电动离心泵，通过离心力的作用，将机械能转换为液压能，其特点是流量大、压力低、重量轻；燃油注入发动机的燃油泵之前，要经过防火开关，当发动机发生故障着火时，可以自动关闭防火开关，立即停止向发动机供油，以防火焰蔓延；放油开关的功用是在更换油箱或者油泵时，可以放出油泵没抽尽的剩余燃油。

二、电动机

　　电动机是指依据电磁感应定律实现电能转换或传递的一种电磁装置。它的主要作用是产生驱动转矩，作为用电器或各种机械的动力源。在日常生活当中，电动机的使用也是非常广泛的，比如：电动自行车、电动起重机、电动剃须刀等等。而且电动机的种类非常多，存在有刷电动机与无刷电动机，也分直流电动机与交流电动机等等。早期无人机动力电动机中也存在有刷电动机，但随着无人机动力电动机技术的发展，渐渐地开始使用无刷电动机。现在多旋翼无人机动力电动机当中大多使用的为无刷交流电动机。无刷电动机在我国的发展时间虽然短，但是随着技术的日益成熟与完善已经得到了迅猛发展，已在航模、医疗器械、家用电器、电动车等多个领域得到广泛应用。

　　多旋翼无人机多采用的是无刷交流电动机，如图 2-7 所示。多旋翼无人机使用的无刷电动机用的是交流电，而多旋翼无人机动力电池上提供的是直流电，所以让很多人存在一个误区，认为多旋翼无人机使用的电动机为无刷直流电动机。动力电池并没有直接给无刷电动机直接供电，而是在这中间经过了电子调速器。多旋翼无人机所用的无刷交流电动机分内转子无刷交流电动机和外转子无刷交流电动机两种，它们之间只是结构分布不同，但都有相应的应用。

图 2-7　无刷交流电动机

有刷电动机与无刷电动机的基本结构都比较简单，都由转子和定子两个部分组成。而常见的有刷电动机基本上都为内转子形式的有刷电动机。转子在外转动的为外转子无刷电动机，转子在电机内部转动的称为内转子无刷电动机。尽管有刷电动机在多旋翼无人机中的使用并不多见，但是有刷电动机以独特优势仍然在其他领域中使用，常见的有刷电动机如图 2-8 所示。

图 2-8　有刷电动机

图 2-9 所示为无刷电动机的基本结构，都是由定子以及转子两部分组合而成的。

图2-9　无刷电动机

　　无刷电动机的工作原理与有刷电动机大致相似，在无刷电动机中，换相的工作交由控制器中的控制电路（一般为霍尔传感器＋控制器，更先进的技术是磁编码器）来完成。有刷电动机采用的为机械换向，而无刷电动机采用的为电子换向，线圈不动，磁极旋转。无刷电动机，是使用一套电子设备，通过霍尔元件感知永磁体磁极的位置，根据这种感知，使用电子线路适时切换线圈中电流的方向，保证产生正确方向的磁力，来驱动电动机的。如图2-10所示

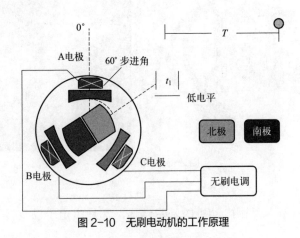

图2-10　无刷电动机的工作原理

第三节　无人机的控制部分

飞行控制系统主要由机载传感器、飞控系统和机载控制模块、地面站控制模块组成，功能是根据无人机的实时飞行状态，将地面站发出的飞行任务解算成为控制指令，并驱动执行机构以控制无人机。飞行控制系统的组成结构如图 2-11 所示。

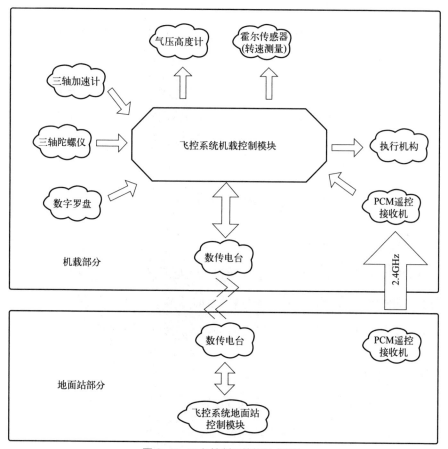

图 2-11　飞行控制系统的组成结构

飞行控制系统集成时，要集成各种传感器、飞行控制器、电源系统、机上电缆和执行机构。飞行控制系统是一个较为复杂的闭环负反馈控制系统，它可以控制无人机自动实现定高度、定航向、定姿态飞行，控制机动飞行时飞行姿态较稳定，以保证无人机的安全降落。

飞行控制系统具有手动、速度和自动三种控制模式。手动飞行模式是纯手动控制舵机，使得飞机能够平稳飞行。此种模式对操控技术要求较高，但无法长距离控制飞机，通常只在出现异常或紧急状况下使用。速度模式是指采用机载飞行控制模块来控制飞机，然后根据指令执行前飞、后退、侧飞、盘旋、悬停等飞行任务，其中后退、悬停应用于无人直升机，其他飞行任务也适用于固定翼无人机，此模式具有良好的操控性。自动模式是根据杆塔 GPS 位置，按事先设置好的航路点和悬停点自动起飞、飞行、悬停、降落。此模式安全可靠，适合实际巡检需求。目前应用于架空输电线路巡检的无人机巡检系统具备上述三种飞行模式，并且具备自主起降、航线规划、一键返航、失控返航、三维程控飞行等功能。

第四节　导航技术

目前在无人机上可采用的导航技术主要包括惯性导航、卫星导航、多普勒导航、视觉导航、地形辅助导航以及地磁导航等。由于这些导航技术都有其相应的适用范围和使用条件，因而，应综合考虑现有导航技术的特点和无人机担负的不同任务选择适合该型无人机的导航系统。

一、惯性导航

惯性导航系统（Inertial Navigation System，INS）属于推算类导航方式，即从已知点的位置根据连续测得的运载体航向角和速度推算出其下一点的位置。惯性导航系统的加速度计用于测量载体在三个轴向运动加速度，经积分运算得出载体的瞬时速度和位置，陀螺仪用于测量系统的角速率，进而计算出载体姿态。惯性导航是一种完全自主的导航系统，不依赖外界任何信息，隐蔽性好，不受外界干扰，不受地形影响，能够全天候提供位置、速度、航向和姿态角数据，但不能给出时间信息。惯性导航在短期内有很高的定位精度，由于惯性器件误差的存在，其定位精度误差随时间而增大。另外，每次使用之前需要较长的初始对准时间。目前惯导系统已经发展出挠性惯导、激光惯导、光纤惯导、微固态惯性仪表等多种方式，根据环境和精度要求的不同，广泛地应用在航空、航天、航海和陆地机动的各个方面。

二、卫星导航

卫星导航系统由导航卫星、地面台站和用户定位设备三部分组成。卫星导航系统能够为全球提供全天候、全天时的位置、速度和时间信息，精度不随时间变化。现阶段应用较为广泛的卫星导航系统是全球定位系统〔GPS（Global Positioning System，全球定位系统）〕。GPS 导航的优点是具有全球性、全天候、连续精密导航与定位能力，实时性较出色，但是不能提供载体的姿态信息。另外，其环境适应性较差，易受到干扰。

三、视觉导航

视觉导航主要利用计算机来模拟人的视觉功能，从客观事物的图像中提取有价值信息，对其进行识别和理解，进而获取载体的相关导航参数信息。视觉导航系统由视觉信息采集部分、视觉信息处理部分及导航跟踪部分三大部分构成，三部分有机结合，完成视觉导航，其中视觉信息采集部分主要是完成对机器将要经过路线上的图像的采集，这个过程主要由光电耦合器（Charge Coupled Device，CCD）完成。视觉信息处理主要是对采集到的图像进行增强、边缘提取和分割等，利用一定的跟踪算法，实现机器的智能跟踪，即完成机器的导航。视觉导航可以获得丰富的环境信息，并且具有独立性、准确性、可靠性，以及信息完整性等优势。由于计算机视觉处理技术用于从图像中获取导航有效信息，实现对图像中运动或静止目标的提取，因而视觉导航需要依靠参照物，只能获得相对运动状态信息。

四、组合导航

组合导航是指把两种或两种以上的导航系统以适当的方式组合在一起，利用其性能上的互补特性，可以获得比单独使用任一系统时更高的导航性能。常用的组合导航方式为 INS/GPS 组合导航系统。该组合的优点表现在：对惯导系统可以实现惯性传感器的校准、惯导系统的空中对准、惯导系统高度通道的稳定等，从而可以有效地提高惯导系统的性能和精度。对 GPS 系统来说，惯导系统的辅助可以提高其跟踪卫星的能力，提高接收机动态特性和抗干扰性。INS/GPS 综合还可以实现 GPS 完整性的检测，从而提高可靠性。另外，INS/GPS 组合可以实现一体化，把 GPS 接收机放入惯导部件中，以进一步减少系统的体积、质量和成本，便于实现惯导和 GPS 同步，减小非同步误差。INS/GPS 组合导航系统是目前多数无人飞行器所采用的主流自主导航技术。

第五节　巡检通信技术

无人机巡检通信系统是无人机系统的重要组成部分，是飞行器与地面系统联系的纽带。随着无线通信、卫星通信和无线网络通信技术的发展，无人机通信系统的性能也得到了大幅度提高。从可靠性与经济性平衡的角度出发，目前无人机通信采用的调制模式包括二进制频移键控（2Frequency Shift Keying，2FSK）、二进制相移键控（Binary Phase Shift Keying，BPSK）、正交频分复用（Orthogonal Frequency Division Multiplexing，DFDM）技术、直接扩频技术等。增强抗干扰性能、及时准确地传输数据以及增强信息传输绕射能力仍然是无人机通信有待解决的重要问题。

针对架空输电线路精细化巡检和故障巡检中使用较多的中小型无人直升机，以及应用于通道巡检、应急巡检和灾情普查中的中小型固定翼无人机，按照 Q/GDW 11385—2015《架空输电线路无人机巡检系统》定义，其中针对无人机通信的技术指标要求如表 2-1 所示。

表 2-1　无人机通信的技术指标要求

机型	通信技术指标要求
小型多旋翼无人机	数传延时≤20ms
	传输带宽≥2Mb/s（标清），图传延时≤300ms
	距地面高度 40m 时数传距离不小于 2km
	距地面高度 40m 时图传距离不小于 2km
中型多旋翼无人机	数传延时≤80ms
	传输带宽≥2Mb/s，图传延时≤300ms
	距地面高度 60m 时最小数传通信距离≥5km
	距地面高度 60m 时最小图传通信距离≥5km
固定翼无人机	传输带宽≥2Mb/s（标清），图传延时≤300ms
	数传延时≤80ms
	通视条件下，最小数传距离≥20km
	通视条件下，最小图传距离≥10km

无人机通信系统包含数据传输系统和图像传输系统。通信系统需要实时性好，可靠性高，以便后台操控人员及时观察电力巡检的现场情况；要对高压线及高压设备产生的电磁干扰有很强的抗干扰能力；要能在城区、城郊、建筑物内等非通视和有阻挡的环境使用时仍然具有卓越的绕障和穿透能力；要能在高速移动的环境中，仍然可以提供稳定的数据和视频传输。在架空输电线路无人机巡检通信中应用比较广泛的是 COFDM（Coded Orthogonal Frequency Division Multiplexing）技术。

COFDM 技术的基本原理是将高速数据流通过串并转换，分配到传输速率较低的若干子信道中进行传输。编码（C）是指信道编码采用编码率可变的卷积编码方式，以适应不同重要性数据的保护要求，正交频分（OFD）指使用大量的载波（副载波），它们有相等的频率间隔，都是一个基本振荡频率的整数倍，复用（M）指多路数据源相互交织地分布在上述大量载波上，形成一个频道。

一、数据传输系统

　　数据传输系统由发射机、接收机和天馈线组成，其原理是通过天线接收地面遥控发射机发射的调频信号，经过放大、鉴频、解调、译码后，以串行形式发送给飞行控制系统，实现远距离的遥控。由于采用 COFDM 技术，数据传输系统的性能即使是在电磁干扰严重、传输路径阻挡的条件下仍然表现优异。数据传输系统原理框图如图 2-12 所示。

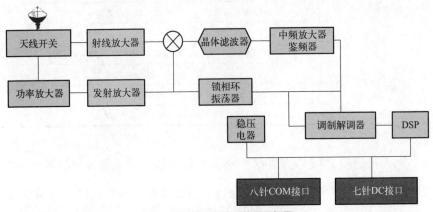

图 2-12　数据传输系统原理框图

二、图像传输系统

　　图像传输系统由发射设备、接收设备和天馈线组成，主要功能是实时传输可见光视频、红外视频，供无人机任务操控人员实时操控云台转动到合适的角度拍摄输电线路、杆塔和线路走廊的高清晰度的照片，同时辅助内控人员、外控人员实时观察无人机飞行状况。

　　COFDM 无线图像传输设备发射机、接收机的原理框图如图 2-13、图 2-14 所示。

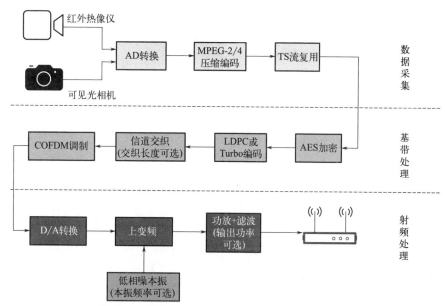

图 2-13　COFDM 无线图像传输设备发射端原理框图

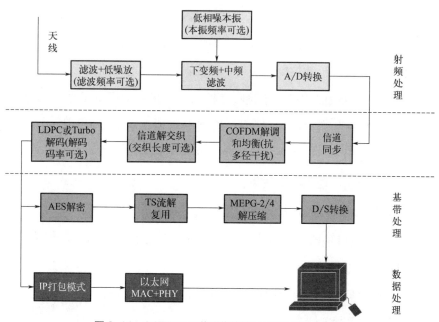

图 2-14　COFDM 无线图像传输设备接收端原理框图

第六节　检测技术

一、检测系统的设计

无人机巡检机载检测系统是整个无人机巡检系统的任务系统，检测系统主要是由检测终端（包括机载摄像机、机载照相机、红外热像仪、激光雷达等）、增稳云台和地面站后台软件等组成，检测系统的检测终端检测精度和成效，以及检测系统集成的好坏，都是无人机巡检系统设计时需要注意的关键因素。地面站后台软件实现对云台的控制及图像的拍摄等。检测系统的功能是用机载摄像机、机载照相机、红外热像仪、激光雷达来检测输电网上的导线、杆塔、绝缘子、线夹、销钉等设备，并且发现设备破损、部件丢失、设备热缺陷等故障，从而为架空输电线路安全运行提供重要的安全保障。

其中无线通信模块用于接收地面站控制信号并将其转发给检测设备，同时可接收可见光和红外数字视频压缩编码后的数字信号，并将其发送回地面站；检测系统机载控制模块用于接收指令并通过遥控对可见光相机下送拍摄指令；机载照相机用于接收微控制系统指令拍摄可见光静态图片，静态图片存储在相机内的闪存卡上；红外热像仪，用于检测电力设备的温度；激光雷达用于三维激光扫描测量；增稳云台，用于抑制飞行器低频晃动对检测的影响，增强检测效果。

用于输电线路巡检的检测系统基本需要满足以下的需求：

① 具有减振功能，以减少检测终端在拍摄过程中的抖动，使拍摄的图像和视频清晰、稳定。

② 控制精度高、响应时间短、动态性好、无累积误差、性能稳定、工作可靠、使用方便。

③ 提供相机快门控制信号或摄像机变焦控制信号。

④ 与 RC 遥控器紧密结合，可以工作在纯手动或 RC 姿态遥控模式。

⑤ 云台方位轴受飞控系统控制，可以自动适应当前航线。

二、检测终端

检测终端主要由机载摄像机、机载照相机、红外热像仪、紫外成像仪组成，功能是为地面飞行控制人员和任务操控人员提供实时的可见光和红外视频，同时提供高清晰度的静态照片供后期分析输电线路、杆塔和线路走廊的故障和缺陷。

（1）机载摄像机。机载摄像机也是检测系统的一个重要的辅助检测设备，负责为地面任务操作人员提供无人机巡检现场的实时视频，它可以帮助地面任务操作人员控制云台转动合适的角度来拍摄高清晰度的照片，同时也为无人机超视距飞行时给外控人员和内控人员提供无人机的实时飞行状况。

机载摄像机基本要求：中低分辨率，标准清晰度，标准制式，标准接口，低功耗，方便机载以及无线传输。

（2）机载照相机。机载照相机是检测系统中一个关键的检测设备，负责为检测系统提供杆塔、输电线路和线路走廊高清晰度的现场照片，以便后期分析故障和缺陷。机载照相机的基本要求：高分辨率，高清晰度，可在输电线路安全距离外拍摄数码照片，通过后期观察，可分辨目标物体，即 220kV 与 500kV 输电线路的金具（体积小，重量轻）。目前很多应用单位主要使用的是普通数码相机、单反相机。这两种相机的主要区别见表 2-2。

表 2-2　单反相机与普通数码相机的区别

项目	具体区别
感光器开启时间不同	单反的 CCD 或 CMOS 只在拍摄时起作用，而普通数码相机的感光器则在取景时就起作用，这导致普通数码相机的感光元件工作时间更长，更容易产生热量，影响画质

续表

项目	具体区别
感光面积不同	单反的 CCD 或 CMOS 的面积远大于普通数码相机，普通数码相机的感光元件大小普遍相当于一个手指甲的大小（很多还达不到拇指手指甲的水平），而单反中 APS-C 画幅的机器的尺寸约为 24mm×16mm，全幅则约为 35mm×23.5mm，由于面积大，所以像素密度低，成像更纯净
焦距不同	单反的实际焦距要大于普通数码相机，也就是说，同样的 135 等效 50mm 焦距，在全幅 135 数码上实际焦距就是 50，APS 画幅机器的实际焦距约为 35，而普通数码相机则约为 10mm，这就导致单反的景深要小于普通数码相机，单反更容易拍出前景清晰、后景模糊，或后景清晰、前景清晰之类效果的照片
价格不同	单反由于价格更贵，使用的图像处理芯片能力更强，所以单反的机器反应要远快于普通数码，即使现在反应较快的普通数码相机，和单反还是有一定差距的

（3）红外热像仪。红外热像仪是检测系统中一个非常关键的检测设备，通过无线图像传输系统传输的实时红外视频，可以帮助任务操控人员检测输电线路上的接头、绝缘子、夹板、引流线、高压线、压接套管、绝缘子引线等有无热故障和缺陷。

红外热像仪的基本要求如下：体积小，重量轻；提供模拟视频接口和网络控制接口；提供红外热像仪的 SDK 的动态链接库和 API 函数接口说明；通过红外视频可清晰看到输电线路及设备的发热点。

（4）三维激光雷达。激光雷达技术（Light Detection and Ranging，LiDAR）综合了扫描技术、激光测距技术、惯性导航（IMU）技术、全球定位（GPS）技术、自摄影测量以及图像处理技术等多种技术，能快速准确地获取裸地表以及地表上各种物体的三维坐标和物理特征，是国际上一种先进的测绘技术。

激光雷达系统是由激光扫描仪、高精度惯导扫描仪、高清晰数码相机以及系统控制电脑等部件组成的一套系统设备，能搭载在不同的平台上获取高精度的激光和影像数据，经后期处理得到精确的地表模型及其他数字模型。

机载激光扫描系统由数字化三维激光扫描仪、姿态测量和导航系统、数码相机、数据处理软件等组成。

① 数字化三维激光扫描仪。数字化激光扫描仪是本系统的核心部分，它主要用来测量地物地貌的三维空间坐标信息。这种方式能够快速、准确地获取物体的三维数据，并将其转化为计算机可以处理的数据格式，从而实现对物体的数字化处理和建模。

② 姿态测量和导航系统。GPS 接收机、IMU（Inertial Measurement Unit）惯性制导仪、导航计算机构成了姿态测量和导航系统。GPS 接收机采用差分定位技术确定平台的坐标。GPS 接收机可为飞机提供导航，应能用图文方式向飞行员和系统操作员提供飞机现在的状态，即飞机现在离任务航线起点终点的距离、航线横向偏差、飞行速度、航线偏离方向、航线在测区中的位置。系统既能处理区域测量，也能处理带状测量。IMU 惯性制导仪测量航飞平台的姿态，用于对发射激光束角度的校正以及地面图像的纠正。

③ 数码相机。数码相机拍摄的航片宽度应该调节到与激光扫描宽度相匹配。航片经过纠正、镶嵌可形成彩色正射数字影像。

④ 数据处理软件。激光扫描系统获取的数据量非常庞大，通常由特殊的专业软件来处理。

目前，激光雷达技术已经得到了普遍的应用，在电力行业的应用包括：

① 建立基于数字化输电走廊的基础地理信息系统，便于精细化管理。

② 实现线路的自动化智能选线设计和线路设计方案的路径优化，缩短输电线路长度，节省工程造价。

③ 应急检修、电网改造和线路走廊地形监测。

④ 数字巡检与模拟训练。

运行中的电力线路，需要定期地巡视与维护，进行危险源距离判断，排除隐患。利用无人机三维激光雷达可以完成这个任务，每个激光点都带有三维坐标，可以直接测量任何两激光点间的距离。使用三维激光雷达扫描可获得输电线路模型。

三维激光雷达是目前世界上唯一能对导线建模的技术，因此导线之间的间距测量，导线与树木房屋之间的距离，交叉跨越，导线的弧垂变化等，都可以通过这种方式完成，给电力巡检带来革命性的变化。

三、光电吊舱

光电吊舱是无人机巡检系统的承载设备，所有的检测终端都安装于光电吊舱上，通过减振器有效地降低无人机发动机振动对检测设备的影响，通过陀螺增益系统的反馈控制，对无人机产生的晃动进行补偿，使输出的视频在高振动环境下稳定，获得相对惯性空间稳定的平台空间，以保持视角的有效性，满足对被检系统定位的要求。在控制指令的驱动下，可实现吊舱对输电线路、杆塔和线路走廊的搜索和定位的要求，同时进行监视、拍照并记录。有些吊舱还采用图像处理技术，实现对被检测设备的跟踪和凝视，以取得更好的检测效果。

增稳云台主要负责承载红外热像仪、紫外成像仪与可见光相机，并具备陀螺增稳功能，可提高检测图像的输出质量。云台的水平与俯仰角度可以根据飞机的 GPS 和姿态信息以及巡检对象的 GPS 信息自动调整，也可以由地面操作人员通过软件手动控制。

数据整合与控制设备根据程序预先设定的拍摄方式或接收到的地面控制命令对红外仪、紫外仪、可见光相机、云台等设备进行控制。拍摄的红外、紫外、可见光视频图像一路经过视频压缩卡，按 H.264 标准压缩后，存入嵌入式工控机硬盘。另一路经过字幕卡，以字幕的形式融入无人机 GPS、时间、飞机姿态等信息后，通过无线通信模块实时传回地面控制系统。此外，可见光相机、红外仪与紫外仪所拍摄的静态图像将存入嵌入式工控机硬盘。

待巡检作业结束后，可通过以太网数据下载接口，将工控机内的数据导入后台分析管理软件中。可见光、红外、紫外三路视频与静态图像可通过多媒体播放器播放，供人工观察分析。拍摄的每一张可见光照片都会相应地记录下拍摄时的无人机经纬度、海拔、飞机姿态等信息，利用摄影测量技术，可以测量照片中导线与植被和建筑物的实际距离，线与线之间的实际距离。红外图像与紫外图像还可以作进一步的处理，以确定输电线路的运行故障。

机载光电稳像转台目前已应用于军事领域和公安、消防、环境监控以及电力等民用领域。使用其对输电线路进行巡查，具有效率高、方便快捷、可靠、不受地域影响等优点。

云台的增稳控制主要由速度控制器、电机驱动器、电机和编码器旋转速度构成速度环，以及由目标位置、前馈控制器、位置控制器、编码器位置信息构成位置环实现。

四、图像采集与传输

无人机的图像采集主要包括基于图像的无人机图像采集设备姿态伺服技术研究、基于机载视频的输电线路目标跟踪技术和设备识别定位技术。

基于图像的无人机图像采集设备姿态伺服技术主要研究无人机的机载云台姿态伺服技术，完成搭载高清相机对设备的信息采集。由于摄像机与相机往往具有不同的视场角范围，在摄像机实现了对设备的识别及跟踪后，基于相机采集的当前图像信息，不能保证目标设备完整地出现在图像中，因此，基于摄像机图像及当前采集的图像及目标设备在图像中的位置信息对吊舱姿态进一步调整，保证目标图像采集的完整性，为进一步设备状态识别提供充分的图像信息。本书将主要研究图像空间信息与云台坐标系之间的变换，实现依据图像的偏差指导云台调整的目的。

一般情况下，用于线路设备信息采集的相机分辨率高、焦距大、视场角较窄，相机较摄像机的视场范围较小，在基于机载视频跟踪系统完成粗定位后，目标物不一定落在相机的视场范围内。因此，首先基于设备识别技术判断设备是否出现在相机图像空间中，如果在，则需要在相机图像空间与吊舱控制系统间建立雅克比关系，进行伺服过程，基于图像平面空间坐标系与三维空间中点之间投影变换模型，定义图像空间像素偏移量与三维世界坐标系下的图像雅克比矩阵。

基于机载视频的输电线路目标跟踪技术主要研究基于特征的实时目标跟踪技术。通过某种特征（如颜色）的分布来对目标进行描述，然后在各帧中通过目标模板与候选目标的相似性度量来寻找目标，并沿着特征分布相似性的梯度方向选择搜索目标位置，最终实现模式匹配和目标跟踪。

基于机载视频的典型设备识别定位技术主要研究基于特征的绝缘子串、防振锤、间隔棒、均压环、杆塔等关键部位的识别定位技术。通过视频中要拍摄设备的轮廓及对应的特征实现对视频中主要设备的识别定位，在对输电线路部件的定位与识别中，可以通过在图像上提取低级别的特征，再根据感知聚类的思想将低级别的特征组合成中级别的结构。然后，分别将大部件的特征抽象成语义，根据各个大部件的语义在已提取的中级特征中识别大部件。通过感知聚类的方法将需要识别的对象与低级别特征进行关联，解决在架空输电线路部件识别中低级别特征与部件之间如何关联的问题。

第七节 避障技术

采用无人机进行电力巡检时，由于无人机 GPS 导航存在误差，巡检飞行时可能遇到阵风过大，以及无人机的飞行高度不够等情况，无人机在执行任务过程中可能会出现偏离预定航向的情况，存在无人机与输电线路或其他障碍物发生碰撞的危险。山、树木、铁塔等障碍物体积较大，通过无人机实时传回地面站的视频能够识别；输电导线线径小，视频很难识别，为了保障无人机巡检系统及输电线路的安全，提升巡检作业的可靠性，有必要实现无人机对输电导线的避障。

无人机避障系统由机载的信号采集模块和机载飞控的紧急避障模块组成。机载的高精度电磁场检测传感器、高性能测距传感器与飞控紧急避让模块可实现主动避让，视觉传感器与后台的分析识别模块可实现辅助判断避让。其系统框架如图 2-15 所示。

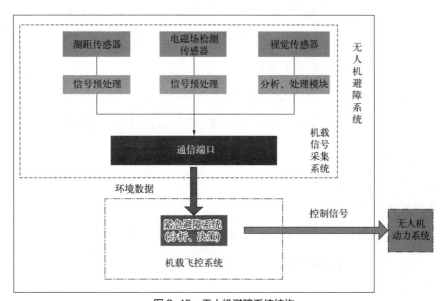

图 2-15　无人机避障系统结构

1. 信号采集模块关键技术

（1）传感器输出信号通过 A/D 转换为数字信号，并应用 DSP 进行信号处理。

（2）机载设备避振方式的设计与实现。

（3）与供电接口、信号输入和飞控系统通信的输入／输出接口。

2.避障模块关键技术

（1）决策算法，即通过对环境数据的分析，决定是否启动避障动作。

（2）规避算法，即研究开发用于规避的路径规划算法。

（3）信号实时快速传输，提高整个避障系统实时性的方法。

（4）仿真模拟测试，研究如何进行有效的模拟环境测试。

无人机避障系统中，机载的信号采集模块包括毫米波雷达测距传感器，毫米波雷达测距传感器与信号预处理模块相连，将模拟信号转换为数字信号，并将周围的环境信息经通信端口发送给机载避障分析模块，由机载避障分析模块发出相应的指令给飞控系统的控制模块，再由飞控系统的控制模块发送给无人机动力系统。

机载避障分析模块通过内置的预设距离门限值，将周围的环境信息与预设的距离门限值进行对比得出障碍物方位，并通过内置的避障策略做出相应的避障策略。

适用于架空输电线路无人机巡检系统的微波测距及电磁场测量传感器具备以下几个特点：

① 微波测距在 $30\sim100m$ 的范围内能感知厘米级别的障碍物或设备。

② 电磁场测量能够测量 $0\sim10^2T$ 范围内的磁场强度，分辨率应在 $10T$ 以上。

③ 具有较小的体积和质量，传感器总体质量应不大于 5kg。

④ 具有较低的功耗。

⑤ 具有较高的可靠性，通过抗振、耐温、淋雨等环境试验。

通过避障系统智能避让输电导线、树木等障碍物。避障策略和避障指令由飞控系统实时计算，确保在山区复杂地形条件下，随时与线路保持安全距离，避免飞机碰撞导线或其他障碍物。

第八节　基于图像缺陷的自动诊断技术

一、输电线路实时检测跟踪技术

随着飞行器在电力巡检中的逐步应用，输电线路的实时自动检测跟踪功能显得非常重要。在传统飞行器对输电线路以及高压杆塔巡检的过程中，要求检测人员精神高度集中，及时调整云台或吊舱，使得检测目标在摄像机的视角范围内。无人机对架空输电线路的拍摄图像，由于其背景非常复杂，有房屋、山地、树木、河流等自然和人工背景，且视场范围广，图像各处亮度变换较大，背景噪声对检测效果影响非常大。有些背景物具有与输电线路相同的特征，如道路、河流等。通过无人机飞行系统搭载高清相机，采集多张不同线路环境下的输电线路图像，可看出巡检图像具有以下特征。

1. 贯穿图像

每段架空输电线路都比较长，塔与塔之间的距离有几百米左右，在图像中贯穿整个图像，一般认为输电线路在图像中是最长的直线，但也有例外（如道路、河流等）。

2. 近似直线

架空输电线路都是在两塔之间直接连接，从飞行器的图像上看是直线，但是输电线路本身都有一定弧垂，以及在摄像机中的成像等因素，输电线路在图像中是近似直线并不完全是直线。

3. 亮度一致

架空输电线路外皮都是由特殊金属制作的，其在图像中呈现的颜色亮度基本是一致的。

4. 基本平行

架空输电线路之间基本是平行的，相互之间不会相交，所以在图像中，输电线路也是基本平行不相交的，但由于输电线路的高低不同以及在摄像机中的成像等因素影响，输电线路之间在图像外的无穷远处才会有交点。

5. 位置基本不变

飞行器一般是在架空输电线路上方一侧，且匀速沿输电线路飞行，连续的不同图像中，输电线路的位置变化幅度较小，基本保持不变。

基于以上分析，输电线路图像具有很强的直线特征，可以在去除背景后，通过提取直线特征的方法，得到输电线路在图像中的位置。由于输电线路处于室外空旷区域，下方可能是农田、树木、河流等各种情形，所以，拍摄得到的视频图像背景十分复杂，为提取到关于输电线路准确的直线特征，需将输电线路从复杂的背景中分离出来。

根据以上所述高压输电线路的成像特性以及背景复杂性等特点，研究人员开发出一种在复杂自然背景下实时自动检测输电线路的算法，使得云台能根据所检测到的输电线路位置信息，自动地调整姿态，确保检测目标在所检测的图像中。

算法整个流程分为两部分：第一部分首先计算图像的梯度图像，去除背景中部分背景物的影响，在此基础上利用 Otsu 算法提取输电线路像素点云，然后利用 Hough 变换检测所有直线；第二部分是判断该图像在视频中是否是前两帧图像，如果是视频的前两帧图像，则利用改进的 K-means 算法对上步检测到的直线段进行聚类分析，然后根据输电线路的成像特性对待分类的直线段进行合并、拟合等操作，最后确定输电线路。如果当前检测图像不是视频前两帧图像，则可以根据上两帧图像中检测到的输电线路位置信息，利用 Kalman 滤波器对输电线路进行跟踪检测。

通过使用 Hough 变换，对输电线路图像中所提取的直线进行筛选、拟合和合并，实现无人机巡检过程中导线的跟踪效果。

二、输电线路杆塔全景图像拼接技术

目前，无人直升机巡检系统是搭载数字成像设备对架空输电线路进行细致化巡检的，现有数字成像设备分辨率虽然已达到细致看清高压输电线路金具的要求，但是由于成像设备视场较小，所采集的高清图像不能包含高压杆塔的全部设备。随着数码相机和图像处理技术的发展，全景影像拼接技术在许多领域都有着广泛的应用。

全景图像拼接技术在卫星遥感探测、气象、医学、军事、航空航天、大面积文化遗产保护以及虚拟场景实现方面有广泛的应用价值。架空输电线路高压杆塔具有大幅面的图像特征，由于采用普通的数字成像设备无法一次拍摄全景且具有超高分辨率的图像，而利用图像拼接技术可以顺利解决上述问题，成功实现超高分辨率高压杆塔图像的合成。全景图像拼接技术主要涉及特征点提取、特征点匹配和图像融合技术三方面，其中特征点的提取效果直接影响后期图像拼接效果。

1. 特征点提取

首先读取超高分辨率高压杆塔图像，并对图像进行采样缩小；利用双线性插值法将待拼接超高分辨率图像进行采样缩小。然后对采样缩小后的所有图像利用 ORB 算法进行特征提取。ORB 特征采用了 Oriented FAST 特征点检测算子以及 Rotated BRIEF 特征描述算子。ORB 算法不仅具有 SIFT 特征的检测效果，而且还具有旋转、尺度缩放、亮度变化不变性等方面的特性，最重要的是其时间复杂度比 SIFT 有了大大的减少，使得 ORB 算法在高清图像拼接以及实时视频图像拼接方面有了很大的应用前景。

2. 特征点匹配

利用提取的 ORB 特征进行最邻近匹配，通过 RASANC 算法对得到的匹配点对进行筛选，得到粗匹配点对。利用提取的粗匹配点对坐标，计算出在原始超高分辨率图像中的对应坐标，并在原始超高分辨率图像的匹配点对所在的图像块中再次提取 ORB 特征，进行精确匹配。最后计算相邻图像间的变换矩阵 $\boldsymbol{H}$。

3. 图像融合

利用渐入渐出法对超高分辨率相邻图像进行融合，得到超高分辨率全景图像，拼接结束。

三、输电线路关键部件识别与缺陷诊断技术

目前，对输电线路隐患和故障诊断多通过人为判断，并且关键部件隐患和故障的种类繁多。在复杂背景的非结构环境下，对输电线路各设备的提取和识别都将是一件非常困难的事。且输电线路设备种类和数量繁多，在目前的研究水平下，还没有一种通用的算法来实现全部电力设备的提取和识别，只有通过分析杆塔、绝缘子、导线的特点来实现对这些设备的识别。

例如杆塔检测，杆塔是架空输电线路中的重要组成部分，其作用是支撑架空线路导线和架空地线，并使导线与导线之间，导线和架空地线之间，导线与杆塔之间，以及导线对大地和交叉跨越物之间有足够的安全距离。架空输电线路杆塔外形主要取决于电压等级、线路回数、地形、地质情况及使用条件等。虽然输电线路杆塔有不同用途、其结构也不同，考虑巡检拍摄角度的不同，其杆塔结构均由共同的近对称交叉结构组成。高压输电线路的杆塔主要有两种类型：一种是直线杆塔，另一种是耐张杆塔。它们都是由不同方向的对称交叉钢材组建的，具有显著的对称交叉特征。这种自然场景中的人造设施，可以将其线结构分解为简单的、层次化的、能反映其本质的简单几何关系表示。可通过提取杆塔所在区域的直线关系来实现对杆塔的定位。在对输电线路杆塔的定位与识别中，可以通过在图像上提取低级别的特征（如边缘特征），再根据杆塔区域的整体特征形成

高级别特征，进而实现对杆塔区域的识别。

四、输电线路绝缘子定位识别与缺陷诊断

绝缘子是架空高压输电线路的重要的组成部分，其是否存在缺陷将直接影响到整个电网的安全运行。绝缘子由于长期受野外环境的侵蚀，通常会产生很多故障，根据玻璃、瓷质和合成绝缘子的各自特性，其常见故障包括：自爆、掉串、裂纹破损、闪络放电和有异物等问题。其中玻璃绝缘子片自爆导致的掉片损伤是玻璃绝缘子特有的故障缺陷，将该缺陷统称为玻璃绝缘子的损伤，也是玻璃绝缘子最需要识别诊断的缺陷。

在以往对绝缘子定位与识别中，均采用 HIS 彩色度量空间将图像分块统计存在偏绿的分块，通过统计绝缘子的颜色范围定位出绝缘子大致区域，然后针对该区域采用最大类间方差法进行绝缘子分割。通过对这些方法的实际测试，发现存在明显不足，其中一个原因是：这些方法均是从玻璃绝缘子的颜色特征着手，玻璃绝缘子的偏绿色特征不是其唯一的特征，实际存在的玻璃绝缘子有偏蓝色、白色的。由于近距离航拍的图像受背景纹理及光线变化影响较大，而且巡检采用相机参数不确定，采用颜色分析绝缘子区域存在不稳定因素。背景出现较多类似特征的区域，会造成较高的误判。另一个原因是对高压线路这种复杂的人造对象整体结构研究不足，仅仅关注高压线路上绝缘子等具有显著的单一部件进行识别研究，没有考虑到线路的整体结构特性，绝缘子一端与导线连接，另一端与杆塔相连，绝缘子安装位置呈现三个可能方向，垂直排列、水平排列、斜上（或斜下）排列。

为了克服上述问题，可采用机器学习领域中卷积神经网络的方法实现对绝缘子的准确定位。卷积神经网络算法可以克服传统的通过特征提取算法加分类器识别模式的缺陷。因为航拍到的图像背景较为复杂，纹理复杂、光照强度变化不一，通过调整卷积神经网络的过程，可以根据输入样本的不同，训练出适合样本的模型，从而提高识别的准确率。

第三章

电力巡检的应用

第一节　电力巡检的改革

随着科技的不断进步和电力行业的发展，巡检方式日趋多样化，以适应不断变化的电力系统和日益严格的安全要求。目前，电力行业的主要巡检手段包括无人机巡检、有人直升机巡检和人工巡检。这些巡检方式各有特点，互为补充，共同保障着电力系统的安全稳定运行。

近年来，随着无人机技术的不断发展和普及，无人机巡检在电力、交通、环保等领域得到了广泛应用。在电力巡检领域，无人机可以通过搭载高清摄像头、红外热像仪等传感器和设备，实现对电力设施的精细化、智能化巡检。无人机巡检具有效率高、成本低、环境适应性强等优点，因此在电力巡检领域得到了广泛的推广和应用。

有人直升机巡检在电力巡检领域也有一定的应用。有人直升机可以通过搭载高清摄像头、红外热像仪等设备，对电力设施进行空中巡检。有人直升机巡检具有速度快、范围广、效率高等优点，特别适用于地形复杂、人工难以到达的区域。然而，有人直升机巡检的成本较高，需要投入大量的资金和人力资源，且受到天气和起降场地的限制，因此在实际应用中受到一定的限制。

人工巡检是传统的巡检方式，也是目前电力巡检领域的主要方式之一。人工巡检具有直观、准确、可靠等优点，特别是对于复杂、精细的设备，人工巡检仍然是必不可少的。然而，人工巡检的效率较低，需要投入大量的人力、物力和时间，且受到地形、天气等因素的影响。在电力设施规模不断扩大的情况下，人工巡检的局限性日益凸显。

综上所述，无人机巡检目前在电力巡检领域占比越来越重，而有人直升机巡检和人工巡检也是必不可少的。未来，随着无人机技术的不断发展和完善，无人机巡检有望成为电力巡检的主流方式之一。同时，也需要注重将不同的巡检方式结合起来，形成立体巡检体系，以提高巡检的效率和精度。

在电力行业巡检中，无人机巡检、有人直升机巡检和人工巡检各自展现出不同的效果和成效。

首先，无人机巡检以其高效、灵活的特点在巡检中发挥了重要作用。无人机可以迅速到达指定位置，通过搭载的高清摄像头和红外热成像仪等设备，对输电线路进行全方位、多角度的检查。这种巡检方式能够迅速捕捉到线路的缺陷和异常情况，为后续的维护和处理提供了及时、准确的信息。同时，无人机巡检还具有较低的成本和较低的安全风险，因此在一些复杂地形和恶劣天气条件下，无人机巡检成为首选的巡检方式。

其次，有人直升机巡检则以其速度快、覆盖范围广的特点受到了广泛的青睐。直升机可以在短时间内对大片区域进行快速巡检，及时发现和处理潜在的安全隐患。这种巡检方式特别适用于地形复杂、交通不便的地区，以及需要高效率、大范围的巡检任务。

然而，尽管无人机和有人直升机巡检具有诸多优势，但传统的人工巡检仍具有一定的不可替代性。人工巡检能够细致入微地检查每一个设备、每一个部位，通过直观感知和经验判断，发现一些无人机和直升机难以察觉的细节问题。这种巡检方式确保了巡检的全面性和准确性，为电力系统的安全稳定运行提供了坚实的保障。

第二节　电力巡检的应用现状

一、电力巡检的改革与无人机的融入

电力巡检的改革与无人机的融入是一个相互促进、共同发展的过程。传统的电力巡检主要依赖于人工巡视，这种方式虽然有效，但存在着效率低、精度不高、工作量大等问题。而无人机的引入，为电力巡检带来了革命性的变革。

其一，无人机具有高度的机动性和灵活性，可以轻松地到达人工难以到达的区域，如高山、河流、森林等复杂地形，从而实现对电力设施的全面覆盖和高效巡检。

其二，无人机可以搭载各种传感器和设备，如高清摄像头、红外热像仪、激光雷达等，实现对电力设施的精细化、智能化巡检。这些传感器和设备可以捕捉到电力设施的各种信息，如温度、湿度、振动、变形等，从而及时发现潜在的安全隐患和故障。

此外，无人机还可以通过自主巡航、航线规划、智能识别等技术，实现自动化、智能化的巡检，进一步提高巡检效率和精度。这种技术不仅可以降低巡检成本，还可以减少人为因素对巡检结果的影响，提高巡检的可靠性和稳定性。

总之，无人机融入电力巡检，不仅可以提高巡检效率和精度，还可以降低巡检成本和风险，为电力行业的数字化转型和智能化升级提供有力支持。未来，随着无人机技术的不断发展和完善，其在电力巡检领域的应用也将更加广泛和深入。当然，无人机巡检也存在一定的挑战和限制。无人机的续航时间、通信距离、飞行稳定性等问题还需不断优化。

二、多类机型在巡检中的应用

在电力巡检领域，不同类型的无人机发挥着各自独特的作用。这些无人机根据其尺寸、结构和性能特点，被针对性地应用于不同的巡检场景中。

首先，轻型无人机以其轻便、灵活的特点，特别适用于精细化的巡检任务，如图3-1所示。它们通常搭载高清摄像头和红外热成像仪等设备，能够迅速捕捉到线路和设备的细节问题。轻型无人机适用于对特定区域或关键设备进行细致检查，如变电站、开关柜、杆塔金具、绝缘子等关键节点的巡检。此外，轻型无人机还可以进行夜间巡检，利用红外热成像技术检测设备的热异常，从而及时发现潜在的安全隐患。

图3-1 利用轻型无人机进行电力巡检

其次，小型无人机则适用于更广泛的区域巡检，如图 3-2 所示。它们具有更大的载荷能力和更长的续航时间，可以搭载更多的传感器和设备，对更大范围的电力线路和设备进行巡检。小型无人机通常用于输电线路廊道的巡检，可以快速覆盖长距离、大面积的线路，提高巡检效率。同时，它们还可以进行复杂地形和恶劣天气条件下的巡检，如山区、沼泽地等难以到达的地区。

图 3-2　利用小型无人机进行电力巡检

除了尺寸上的分类，不同类型的无人机在巡检中也各有优势。多旋翼无人机以其垂直起降、悬停和灵活机动的能力，特别适用于城市密集区域和复杂地形的巡检。垂直起降固定翼无人机则以其高速、长航程的特点，适用于大面积、长距离的线路廊道巡检，如图 3-3 所示。

无人机机巢是一种创新型科技设施，它为无人机的使用提供了全新的解决方案。这种先进的无人机运营平台已经改变了我们对无人机使用，尤其是巡检无人机使用的认知。无人机机巢不仅提供了无人机的存储和充电解决方案，而且能够大大提高无人机的运营效率和效能。

图 3-3　利用垂直起降固定翼无人机进行电力巡检

　　无人机机巢的一大特点是其高度自动化的特性。从任务启动到飞行巡检，再到数据收集和反馈，全程无须人工干预，大大节省了人力资源。巢内的自动充电或更换电池功能，更使无人机拥有了持续的巡检能力。此外，无人机机巢的出现，也使得无人机的应急响应能力和作业效率得到了极大的提升，如图 3-4 所示。

　　多类机型在电力巡检中的应用，使得巡检工作更加全面、高效和精确。根据具体需求选择合适的机型，可以充分发挥无人机的优势，提高巡检效率和质量，为电力系统的稳定运行提供有力保障。

　　随着无人机技术的持续进步和创新，其在电力巡检领域的应用前景显得尤为广阔。可以预见到，未来的无人机巡检将变得更加智能化、高效化，成为电力行业巡检工作中不可或缺的一部分。

　　首先，技术层面的进步将推动无人机巡检向更高层次发展。目前，无人机已经能够搭载高清摄像头、红外热成像仪等传感器设备，进行初

图 3-4 电力巡检中的无人机机巢

步的巡检任务。在未来，随着技术的不断创新，无人机可能会搭载更多先进的传感器和设备，如激光雷达、高分辨率相机等，以实现更为精准和高效的巡检。这些先进技术不仅能够提高巡检的准确性和效率，还能够发现更多潜在的安全隐患，为电力系统的稳定运行提供更为坚实的保障。

其次，无人机相关法规的完善将为无人机巡检的广泛应用提供有力支持。目前，无人机在电力巡检领域的应用仍受到一定法规限制。但随着无人机技术的不断成熟和应用领域的拓展，相关的法规和政策也将逐步完善。这将为无人机巡检的广泛应用提供更为广阔的空间和机遇。

此外，无人机巡检还将与人工智能、大数据等先进技术相结合，实现更为智能化的巡检。通过利用人工智能技术对巡检数据进行分析和处理，可以实现对电力设备和线路的智能监测和预警，进一步提高巡检的效率和准确性。同时，通过大数据技术对巡检数据进行整合和分析，可以为电力系统的规划、设计、运行等方面提供更为全面和准确的数据支持。

三、无人机巡检的培训现状与挑战

随着无人机技术的快速发展和广泛应用，无人机巡检的培训市场也逐渐兴起。目前，市场上涌现出越来越多的无人机巡检培训机构和课程，为从业人员提供了多样化的学习选择。这些培训机构和课程不仅涵盖了无人机操作技能，还涉及了巡检技术、数据分析等多个方面，为电力行业的无人机巡检应用提供了有力的人才保障。

然而，无人机巡检的培训市场也面临着一些挑战。首先，培训质量参差不齐。由于培训机构的水平和教学资源不同，培训效果也存在较大差异。一些培训机构可能存在师资力量不足、教学设备落后等问题，导致培训效果不佳，影响了无人机巡检的应用效果。其次，培训内容与实际需求脱节。目前，一些培训机构在课程设置上过于注重理论知识，而忽略了实际操作技能的培养。同时，培训内容也可能与电力行业的实际需求存在差距，导致学员在实际应用中难以将所学知识运用到实践中。

为了应对这些挑战，加强培训质量监管和提高培训内容的实用性和针对性至关重要。一方面，用人单位和相关机构应加强对无人机巡检培训机构的沟通和评估，推动培训机构提高教学水平和质量。另一方面，培训机构应根据电力行业的实际需求，优化课程设置和教学内容，注重实际操作技能的培养，提高学员的综合素质和应用能力。

此外，随着无人机技术的不断创新和升级，无人机巡检的培训内容也需要不断更新和完善。培训机构应关注行业最新动态和技术发展趋势，及时调整培训内容和方式，确保学员能够掌握最新的无人机巡检技术和方法。

总之，无人机巡检的培训市场虽然面临着一些挑战，但随着技术的不断发展和市场的不断完善，相信未来的无人机巡检培训将更加成熟和规范，为电力行业的无人机巡检应用提供更为坚实的人才支撑。

第二部分

无人机培训和执照的获取

第四章

培训的重要性

第一节　政策的理解和规定

没有规矩不成方圆。

在无人机大量飞上天空之前，载人航空业早已大规模发展，其作用在国民经济中是显著的。天空虽然不能像地面一样画上正反四车道，但为了所有航空器运行的有序与高效，其实是有很多无形的条条框框的，这些条条框框不是为了限制航空发展，事实证明，正是有力的规章与制度还有保证其实现的技术手段，才保证了人类航空业的繁荣和有序。

无人机作为一种新生事物，其发展潮流是不可阻挡的。都在天上飞，无人机势必对传统航空业造成巨大的影响。所以在这种背景下，想要安全有效地使用和操纵无人机，必须对相关的政策、规章及管理办法及其适用与更新有一定的深入了解。就好比你要驾驶电动车上马路，就一定要知道什么是机动车道，什么是非机动车道，什么是人行道；什么是十字路口，什么是红灯；还有什么叫大卡车，大卡车一般开多快，被大卡车撞一下会如何；还有谁是警察，一年扣 12 分会怎样；等等。

根据国务院、中央军委公布的《无人驾驶航空器飞行管理暂行条例》规定，操控小型、中型、大型民用无人驾驶航空器飞行的人员应当具备下列条件，并向国务院民用航空主管部门申请取得相应民用无人驾驶航空器操控员（以下简称操控员）执照：

①具备完全民事行为能力；

②接受安全操控培训，并经民用航空管理部门考核合格；

③无可能影响民用无人驾驶航空器操控行为的疾病病史，无吸毒行为记录；

④近5年内无因危害国家安全、公共安全或者侵犯公民人身权利、扰乱公共秩序的故意犯罪受到刑事处罚的记录。

从事常规农用无人驾驶航空器作业飞行活动的人员无须取得操控员执照，但应当由农用无人驾驶航空器系统生产者按照国务院民用航空、农业农村主管部门规定的内容进行培训和考核，合格后取得操作证书。

第二节 无人机系统知识的掌握

要想开车，得先知道油门和刹车在哪。系统都不清楚就谈不上操作熟练。无人机也是这个道理，高技术的设备有其简单和"傻瓜"的一面，但也有其复杂的一面，一架精灵四旋翼的操纵肯定比蹬三轮车麻烦很多。要能很好地驾驭一样东西，必须很好地了解它。就拿操作最简单的多旋翼来说，诸如都有哪些飞行模式，速度、航时、控制半径，操作杆及开关的定义，这些都是必须知道的。据不完全统计，无人机系统的事故有70%以上是人为因素引起的，而不是天气与设备。因为人员技术掌握程度不够，美军的"捕食者"都摔掉了四分之一，如果不加强训练，多旋翼会怎样呢？

民用无人机出于成本和灵活性的考虑，自主水平并不是很高，所以很多工作还得靠人，比如多数多旋翼系统的起降操作以及部分特殊情况下的操作。

尽管现有高档军用无人机系统的自主水平已经比较高，但限于当今人工智能技术的水平，诸如航线规划、任务策略、复杂气象、复杂起降场、极限条件下飞行等还得依靠人。

人类不同于机器人的冯诺依曼系统，我们这种生物计算机要熟练掌握一门技巧是需要重复和练习的。拿无人机圈子那些老飞手的话来说，就是建立条件反射、"用脑子想就来不及了"、把"让它飞"变成"我在飞"。

第五章

无人机执照培训

　　人类未来的天空一定是有人无人并存的，在接纳了庞大规模的无人机群后，航空体系如何调整才能高效、安全、有序地继续发展，这正是政府和国家目前正在研究与逐步实施的重大课题。

　　从无人机设备本身角度出发，虽然现在无人机设备已经高度智能化，而且上手比较容易，但是高度智能化意味着对无人机上面的设备有较高的要求。比如 GPS 要避免信号的遮挡，电子罗盘要避免电磁信号等的干扰，相关的减振措施要到位等等。这些设备一旦出现问题，就意味着有坠机的风险。因此，对无人机原理的理解就显得十分必要。

　　从无人机飞行操作角度考虑，正规和熟练地操作无人机对于每个无人机飞手而言是十分必要的。一方面，参加正规的培训不但可以掌握正确的操控方式，而且会学到飞机在出现问题的情况下，如何合理、有效地救回无人机。

　　出于以上的原因，国家已经初步建立了无人机驾驶员的培训体系，经过相应的训练与考核，便可以获取无人机驾驶员执照，成为一个有照驾驶的司机。

第一节　理论学习

学员们在训练的一开始，会首先接受训练机构数周的理论培训，之后才是实践培训。理论培训会讲述民航规章中要求的基本航空知识与多旋翼正常操作、应急操作方法以及培训机构训练大纲中自己添加的特色内容。

所有理论与实践培训结束后，会首先进入理论考试流程。理论考试方法很接近于汽车驾照的机考环节，在规定的时间内，局域网服务器会给每个学员随机分发不同的题目。理论考试题目均为 3 选 1 的客观题。考试时间到，系统直接结束考试并即时打分。驾驶员与机长会有不同的分数及格线要求，考分及格才能通过理论考试进入下一环节。如未通过，学员可加强学习，经申请，参加下一期的理论考试。

理论学习的内容和课时见表 5-1。

表 5-1　理论培训的内容

课程	训练内容（每课时 60min）	视距内 / 超视距
1	民航法规与空中交通管制	3/3
2	无人机概述与系统组成	8/8
3	空气动力学基础	6/6
4	结构与性能	4/4
5	通信链路与任务规划（仅超视距）	0/10
6	航空气象与飞行环境	6/6
7	无人机系统特性与操纵技术	10/10
8	无人机飞行手册及其他文档	6/6
	总计 / 课时	43/53

第二节　实践飞行

一、无人机的姿态

无人机的飞行姿态主要有三种：横滚（roll）、俯仰（pitch）、偏航（yaw），如图 5-1 所示。

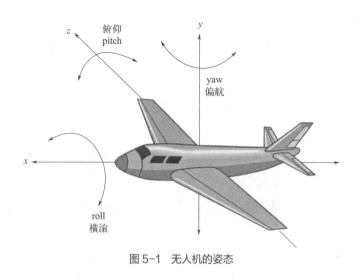

图 5-1　无人机的姿态

横滚轴，即纵轴，是一条通过飞机重心，穿过机头且平行于航向的假想线。绕横滚轴的运动主要由副翼控制，当副翼偏转时，是确定一个滚转角度速度，而不是确定一个固定的角度。一旦由于副翼的偏转而达到了一定的坡度角，则副翼便处于中立位置，甚至反向偏转，以保持所要求的坡度角。恒定的副翼转角将会使坡度角度增加。

俯仰轴，即横轴，是一条通过飞机重心，与机翼平行的假想线。绕该轴旋转可以改变飞机的俯仰姿态：低头或抬头。俯仰角由升降舵控制，一般由一个固定的角度表示，其值取决于升降舵的偏转角。

偏航轴，即垂直轴，是一条通过飞机重心且垂直于俯仰轴和横滚轴的假想线。偏航由方向舵控制，方向舵偏转一定角度便会产生一定的偏航角速度。

对于旋翼的运动姿态可以这样理解：俯仰运动指前后运动，横转运动指左右运动，滚转运动指转变方向。

二、美国手与日本手

"美国手"，就是遥控器的左摇杆控制无人机的上升下降、顺时针 / 逆时针旋转；右摇杆控制无人机的向前向后、向左向右水平飞行。由于早期使用这种操作模式的航模玩家主要集中在美国，因此被称为"美国手"，如图 5-2 所示。

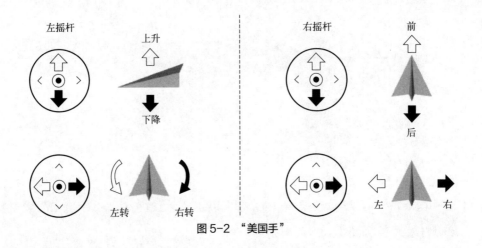

图 5-2　"美国手"

其次是"日本手"，如图 5-3 所示。所谓的"日本手"，就是遥控器的左摇杆控制无人机的向前向后飞行、顺时针 / 逆时针旋转；遥控器的右摇杆控制无人机的上升下降、向左向右飞行。

三、飞行模式

无人机常用的飞行模式主要有三种：GPS 模式、姿态模式和手动模式。

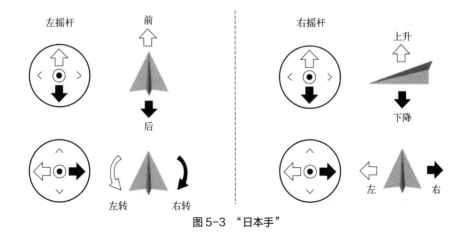

图 5-3 "日本手"

（一）GPS 模式

GPS 模式顾名思义就是无人机使用 GPS 模块定位，当开启了 GPS 模式后，无人机配合气压计能够定点、定高精确悬停飞行，飞手操作无人机的难度大大降低，同时，配合地面站系统实现自主航线飞行，实时向地面站发送飞机所在的位置。在 GPS 信号较差的情况下无人机不能实现精准悬停，仅提供姿态增稳，无人机此时相当于姿态模式。

（二）姿态模式

姿态模式就是在没有 GPS 定位下，飞控只提供姿态增稳，姿态模式常用在一些 GPS 信号较差的情况下。无人机主要通过 IMU 惯性测量单元（气压计、角速度计、加速度计），来定位自身状态，这种情况下无人机没有精准悬停会左右飘忽不定，需要飞手通过遥控器不断修正无人机的位置。所以要求飞手对无人机的操作技术比较高，在考无人机驾驶员执照时，超视距等级的飞行就必须使用姿态模式飞行，主要目的是训练无人机驾驶员有更好的驾驶技术，以便在复杂地形中驾驶和应急情况下抢救飞机。

（三）手动模式

手动模式是无人机操控难度最高的模式，适用于一些资深飞手，一般消费级无人机没有此模式。手动模式下打任意方向杆后摇杆回中，飞机会一直沿着该方向飞行，不会调整回到水平状态，需要手动不断去修正姿态，飞行时姿态角度无限制，因此该模式一般用于穿越机、特级无人直升机等做一些花式酷炫的动作。

四、视距内驾驶员和超视距驾驶员

（一）飞行范围的区别

视距内驾驶员：也叫驾驶员，它的飞行范围是目视半径不大于 500m，人机相对高度不高于 120m。

超视距驾驶员：也就是机长，飞到 500m 外，高度大于 120m 都是可以的，可以说是能飞多远就飞多远。

（二）飞行权利和培训时长不同

无人机驾驶员拥有最基础的无人机驾照，但不具备独立完成飞行任务的资质，也不具有飞行航线规划的决策权，需要在机长的指挥下才能进行飞行任务；而且飞行培训时长不少于 44h。

无人机机长相当于组长的角色，具有申请空域、规划航线、独立作业、远距离、高技术操作等决策权，当然要求培训时长是要不少于 56h 的。

（三）控制方法不同

驾驶员是拿遥控器来操作飞行的。而机长除了拿遥控器来之外，还可以利用地面站来进行操控。

（四）考试方式的不同

无论是驾驶员还是机长，考试内容都是理论加实操。区别就在于驾驶员的实操考试是使用 GPS 模式。机长使用的是姿态模式，同时还需要有航线规划。

五、使用模拟器的预先练习

模拟器是帮助初学者培养正确的打舵方向和打舵时机的一种电脑模拟软件。通过模拟器进行练习，能够大大节约入门的时间和成本。有反馈的实践操作将有更好的教学效果，尽管有时候不能实际用遥控器操作飞机，但可以使用模拟器提前感受这个过程，以便更深刻地了解遥控器的使用。模拟器成本低，无操作风险，能够让大家每个人都提前体会一下遥控飞行的感觉。

具体练习时，可以选购常用的凤凰模拟器，连接电脑使用。在模拟器上首先选择多旋翼无人机姿态遥控飞行模式，体验美国手操作手法，如图 5-4 所示。

(a) 软件中机型要选择Multi-rotors

(b) 要选择左手油门的美国手硬件

(c) 多旋翼熟练后，同样手法感受各种直升机

(d) 硬件用真遥控器和专用线代替

图 5-4　美国手操作手法的体会

进一步进行日本手操作手法的体会，如图 5-5 所示。

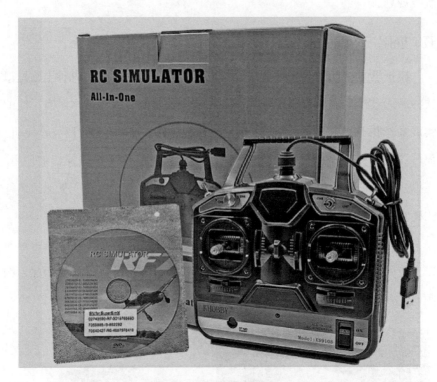

(a) 购买一套模拟器

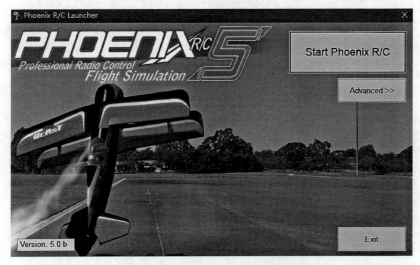

(b) 在电脑上安装光盘中任意一款模拟器软件

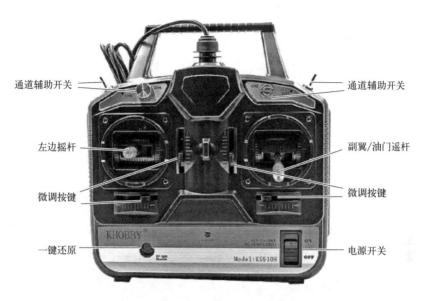

通道辅助开关

通道辅助开关

左边摇杆

副翼/油门遥杆

微调按键

微调按键

一键还原

电源开关

(c) 购买时注意选择日本手的硬件

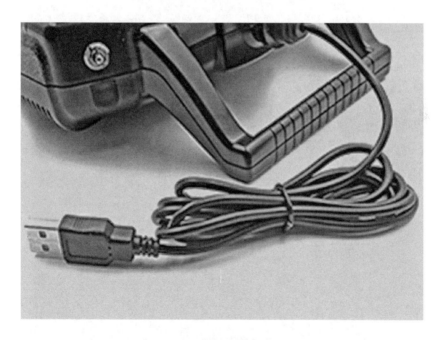

(d) 将硬件插到电脑USB口上

图 5-5

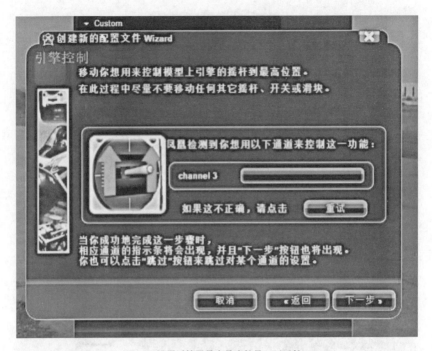

(e) 设置遥控器最大最小舵量、正反舵

(f) 选择飞行场地

(g) 初期上手选择好飞的固定翼训练机练习

(h) 熟练后尝试各种战斗机

图 5-5　日本手操作手法的体会

通过模拟器练习，掌握起降、四面悬停、八面悬停等技能，下面以四面悬停为例进行说明。

掌握悬停技能

1. 技能目标

（1）能够完成单通道的四个位置的悬停；

（2）能够完成带油门通道的八位悬停；

（3）认识两根摇杆的作用。

2. 课时与教具

建议课时：1学时。教具准备：模型飞机1架。

3. 知识目标

（1）根据摇杆的运动，能准确说出四个舵面的名称；

（2）根据屏幕上飞机的移动，能准确说出是某根摇杆所控制的方向。

4. 学习安排

（1）四个舵面的含义

① 副翼控制飞行器的左右平移，机头不偏转，飞行器绕自身纵轴旋转；

② 俯仰控制飞行器的前后平移，飞行器绕自身横轴旋转；

③ 油门控制飞行器的上下平移，飞行器离地的高度发生变化；

④ 方向控制飞行器的偏航旋转，飞行器绕自身立轴旋转；

⑤ 俯仰，俯仰控制类似汽车的前进、后退。

（2）日本手和美国手的区别

① 日本手的特点是控制飞行器姿态的两个舵面俯仰和副翼分别由左手和右手控制，油门控制在右手，方向控制在左手。

② 美国手的特点是控制飞行器姿态的两个舵面俯仰和副翼统一由右手控制，油门和方向控制在左手。

③ 四个舵面对应的摇杆如下。

美国手：副翼 J1 摇杆，升降 J2 摇杆，油门 J3 摇杆，方向 J4 摇杆。

日本手：副翼 J1 摇杆，升降 J3 摇杆，油门 J2 摇杆，方向 J4 摇杆。

④ 通道的顺序：副翼第 1 通道，俯仰第 2 通道，方向第 4 通道，油门第 3 通道，螺距（直升机）第 6 通道。

第六章

无人机执照取证

第一节 考试要求

一、视距内驾驶员要求

视距内驾驶员证是最基础的无人机培训考证。该课程适合想要了解无人机操作，或者对无人机有兴趣的人群。

考试科目：

（1）理论：70 分合格（100 分满分）。

（2）综合问答：7 分合格（10 分满分）。

（3）实践飞行（3 次机会）：GPS 模式自旋、水平 8 字。

二、超视距驾驶员要求

超视距驾驶员（俗称"机长"证）是在驾驶员等级的基础上，更深入地学习无人机的飞行技术。该等级课程适合想要在无人机领域深入发展，或者对无人机有较高兴趣的人群。

考试科目：

（1）理论：80 分合格（100 分满分）。

（2）综合问答：7 分合格（10 分满分）。

（3）实践飞行（3 次机会）：姿态模式自旋、水平 8 字。

（4）地面站（规划航线 6min）：规划航线、更改航线参数、应急返航。

第二节　注意事项

一、起飞

油门操纵均匀，姿态正常，无危险动作与姿态，操作柔和，航空器部件完好。

二、悬停

水平位移不超过 ±2m，垂直位移不超过 ±1m。

三、慢速水平偏转 360°

水平位移误差不超过 ±2m，垂直位移误差不超过 ±1m，方向偏转无卡顿，科目时间为 5 ～ 30s。

四、水平 8 字

依据航空器性能确定标准航线单个圆直径（6 ～ 15m），航空器水平位移误差不超过 ±2m，垂直位移误差不超过 ±1m，航空器位移无卡顿，航向与标准航线切线夹角不超过 30°。水平八字的飞行难点在于在保障飞行高度的前提下，还需要同时掌控俯仰、横滚还有偏航，如图 6-1 所示。

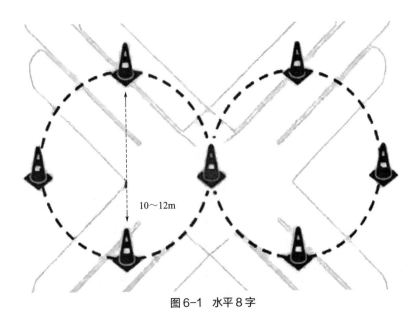

图6-1 水平8字

第三部分

无人机操控员电力巡检作业

第七章

无人机巡检系统场景应用

第一节　雷达扫描及三维点云建模技术

一、雷达扫描及三维点云建模技术的意义与背景

雷达扫描及三维点云建模技术是利用雷达波在物体表面的散射及回波信号强度来获取目标物体的空间位置和形状信息的一种技术手段。通过接收器接收回波信号，并经过信号处理和算法分析，可以实现对目标物体的快速、准确地探测与成像。雷达扫描的数据用来建立点云三维模型的规划航线。通过激光雷达系统采集高精度的输电线路三维激光点云数据，建立输电线路三维点云模型，在三维点云模型中综合考虑多机型多旋翼飞行能力、作业特点、飞行安全、作业效率、起降条件、相机焦距、安全距离、巡查部件大小、云台角度、机头朝向等进行全自动航线规划。

二、雷达扫描及三维点云建模技术的基本原理及工作流程

雷达扫描及三维点云建模技术是利用激光扫描、摄影测量和雷达等技术手段，对电力设备及其周围环境的三维信息进行全方位、高精度地采集、处理和重建，生成真实可视的三维模型的一种技术。通过对采集到的大量数据的处理和分析，可以实现对电力线路及其周围环境精细化的三维呈现，为后续的巡检与管理提供可视化的支持。

三、雷达扫描及三维点云建模技术的应用

雷达扫描及三维点云建模技术在自主巡检中具有广泛的应用价值。通过对电力设备及其周围环境的三维信息进行采集、处理和建模，可以实现对设备状态和环境变化的实时监测和分析。在输电线路的巡检中，可以通过三维建模技术对线路的杆塔、导线、绝缘子等重要部件进行全方位、立体化的监测，帮助发现潜在的安全隐患和故障风险。同时，通过建立电力线路的三维模型，可以为设备的运维管理提供可视化的支持，有助于制定更加科学、合理的巡检和运维方案。

四、雷达扫描及三维点云建模技术应用案例

2023 年 3 月 21 日，国网某供电公司输电运检中心利用 M300RTK 无人机搭载 L1 激光雷达对 110kV 西联一回全线自主开展"点云"数据采集及三维建模工作。自动定位、激光扫描、建模成像……搭载着激光雷达的多旋翼无人机，沿着输电线路走廊进行扫描，5min 不到，一幅精致的全彩三维模型便呈现眼前，如图 7-1 所示。

图 7-1　三维点云

第二节　多旋翼无人机系留照明系统的应用技术

一、多旋翼无人机系留照明系统的意义与背景

该系统利用驱动电机的功重比技术、高压供变电技术、系留复合光纤电缆技术、旋翼平台气动力技术、信号远程传输技术等，将常规应急照明灯和传统系留多旋翼无人机（型号：M300RTK）结合并进行改进，从而解决了目前常规应急照明灯体型庞大沉重、照射角度固定等技术问题，提供特殊环境下的应急照明，极大地降低了夜间抢修作业的安全风险，保障了工作进度，从而达到快速恢复送电的目的。

在新疆地区，地理条件复杂，多数地区地广人稀，全省万余公里的输电线路如同生命线般蔓延开来，穿越高山、戈壁、沙漠，顶住严寒、酷暑、风沙，支撑着新疆地区的生活和经济运转。为了保障这条生命线的畅通，电网检修一直是新疆电力公司最重要的工作之一。然而，地域的广阔和地形地貌的复杂多变，让主电网检修在新疆充满着严峻的挑战。特别是由于地理位置偏远、环境恶劣，检修及抢修往往需要连续作业，其中夜间作业存在极大的安全隐患。

常规传统的应急照明灯体型庞大、沉重，不利于在险峻的山路上运输。而且，常规传统的应急照明灯是一道直光从下往上直射到某个固定的角度，由于只能在某个角度照射，对作业人员的眼睛造成了极大的刺激干扰，而背光的施工人员则光照不足，稍有不慎容易引发安全事故。

二、多旋翼无人机系留照明系统的基本原理及工作流程

多旋翼无人机系留照明系统包括空中照明系统和地面供电系统。空中照明系统由模块快插挂架、照射跟踪自动调节系统、大功率照明灯组成。照明灯组安装在照射跟踪自动调节系统上，装置搭载在多旋翼无人机上；地面供电系统为地面端电源，地面端电源通过一条细长的高性能系留复合

耐高压电缆（100m）传输到天空端电源，持续为多旋翼无人机及系留照明系统供电。

照射跟踪自动调节系统依靠智能跟随、距离识别技术，可跟随目标自动调节光照亮度和角度，在应急抢修恢复送电、抢险救灾等应急情况下，通过高清拍摄头配合，可及时将现场影像传回至地面控制器，解决特殊环境下的光照（角度、亮度等）问题。

大功率照明灯包括透明片、前罩、挂夹、LED 灯以及后壳，LED 灯安装在后壳上，前罩盖在后壳上，前罩上设置供 LED 灯照射的通孔，透明片安装在通孔上，挂夹与前罩连接。在使用时，可以利用挂夹搭载在多旋翼无人机上，方便 LED 灯照射。其中，透明片上设置有凹凸不平的纹路，前罩以及后壳上均设置有散热槽，可以为 LED 灯散热，而凹凸不平的纹路可以使光照分散更加均匀，更好地进行照明，如图 7-2 所示。

图 7-2　多旋翼无人机系留照明系统在组立杆塔抢修中的应用

无人机照明系统柜操作步骤：

（1）地面电源与天空端断开连接，地面电源输入端连接 220V 交流电源，确保连接牢固后拨动空气开关，地面电源通电；

（2）按下地面电源上的开关按钮，测试电源空载输出，通过拧动电压旋钮，调节电压至合适挡位，拧动电流旋钮，将其拧至最大值（空载情况下拧动电流旋钮，示数不会变化）；

（3）按下地面电源上的开关，使其关闭输出，此时接上地面端与天空端的供电对插接口，确保插接牢固；

（4）无人机接上备用电池，观察无人机自检是否顺利完成；

（5）整理线材，检查有无打结和缠绕，避免在飞行过程中拉扯异物造成危险；

（6）按下地面电源上的开关，使其开启输出，可以见到"稳压"指示灯亮起，则系统正常启动；

（7）查看无人机状态，符合起飞条件后起飞。

三、多旋翼无人机系留照明系统的应用案例

2022 年 11 月 21 日凌晨，陕西电网渭南潼关 330kV 输变电工程跨越郑西高铁架线施工现场，施工人员首次采用系留无人机照明系统辅助夜间高空作业。凌晨的初冬夜空中，该系统犹如一颗小太阳，照亮了整个铁塔，为夜间施工提供了充足的照明安全保障。

第三节　无人机抛投技术

一、无人机抛投技术的意义与背景

无人机抛投技术是指利用无人机自动将绝缘绳索沿着电力线路进行抛送，用于搭设临时接地线或其他检修作业。传统的电力线路建设运维方

式需要大量的人力物力，不仅费时费力，而且存在一定的安全隐患。而无人机抛投技术的出现，为电力线路维护带来了革命性的变化。它不仅提高了维护作业的效率，降低了人员伤亡风险，还减少了检修成本，因此备受关注。

二、无人机抛投技术的基本原理及工作流程

无人机抛投技术的基本原理是通过无人机搭载发射装置，通过精准的飞行控制和操纵系统，在特定位置释放绝缘绳索，实现对电力线路的抛送。其工作流程通常包括：首先，无人机通过激光或 GPS 进行定位，确定目标位置；然后，根据预先设定的参数，调整无人机的飞行姿态和高度；接着，操纵系统将绝缘绳索释放到计划位置，完成抛送任务。这一流程中，需要无人机具备高精度定位、飞行控制和操纵技术的支持，以确保抛绳的准确性和安全性。

三、无人机抛投技术在电力线路建设运维中的应用

无人机抛投技术在电力线缆维护中具有广泛的应用前景。传统的电力线路维护往往需要人员登高操作，面临着高空作业的巨大安全风险，而且操作受天气、地形等诸多因素的制约。然而，无人机抛投技术的出现，极大地改善了这一局面。通过无人机的精准定位和自主飞行，能够在复杂环境中完成线缆的快速搭设和维护工作，极大地提高了作业效率，同时降低了操作风险，为电力线路的安全稳定运行提供了有力保障。

四、无人机抛投技术的应用案例

2023 年 6 月 15 日，新疆送变电公司乌鲁木齐运检分公司配合施工项目部，对华电和丰光伏升压汇集站—塔城变 220kV 线路工程 28#-29# 档带电跨越 110kV 夏陆线、跨越玛湖北一路 K7km+794m 处施工封网，用无人机进行抛绳作业。如图 7-3 所示

图 7-3　无人机抛投作业

第四节　无人机放线技术

一、无人机放线技术的意义与背景

通过将无人机所获取的三维地理信息可见光照片、视频等高精度信息数据运用于输变电工程，有效提升了施工效率，增强了电网建设过程施工的安全以及质量和成本管控的能力。无人机放线技术为高空作业提供了高效、便捷的服务。通过无人机搭载抛绳器，将绳子抛掷至作业点，再结合电动升降装置，节省作业人员劳动强度，具有迅速、安全地到达作业位置的优势。

二、无人机放线技术的基本原理及工作流程

无人机放线的原理：由于导线太重，无法从一基塔展放到另一基塔，故采用"以小拖大"的方式，先利用无人机放一根又细又轻的导引绳过去，再借助每个基塔上安装的滑轮，用导引绳拖牵引绳、用牵引绳拖导线，从而完成放线。

操作步骤：

（1）对牵引绳进行外观检查，有无破损、断股现象。检查合格后，在

防潮帆布上将牵引绳摆放整齐。

（2）飞行操作人员将绝缘牵引绳和重锤安装在抛绳器上，向工作负责人申请起飞，工作负责人下达起飞命令后，飞行操作人员操控抛绳无人机升高至预定高度，从导线与架空地线之间穿越至导线外侧，继续升高至导线对地一定距离悬停。

（3）地面观察手使用望远镜随时观察无人机相对导线和架空地线的高度及安全距离，并随时汇报给飞行人员。

（4）飞行操作人员向工作负责人申请抛绳，收到命令后打开抛绳开关。

（5）当重锤落地时，牵引绳搭落在杆塔两侧，抛绳无人机按规划的飞行路径降落，抛绳工作结束。

（6）若不成功，按以上流程再次抛绳。

三、无人机放线技术的应用

输变电工程线路部分作业点经常分布在长达几十公里的地域中，80%以上属于山区戈壁滩，项目部有限的安全、质量监督人员，很难实现对每一个作业点的覆盖，尤其是架线施工阶段，高空作业频繁，存在比较高的安全风险，而通过使用无人机开展作业则更加安全高效。如图 7-4 所示。

图 7-4 无人机放线作业

第五节　多旋翼无人机系留红外测温系统应用技术

一、红外测温系统的意义与背景

红外测温技术是一种非接触式的测温方法，它通过测量物体发出的红外辐射来确定物体的温度。具体来说，它利用红外探测器接收物体发出的红外辐射，并将其转换为电信号，然后通过电子线路进行处理，最终输出物体的温度值。

红外测温技术的工作原理基于普朗克辐射定律，即物体的辐射功率与温度的四次方成正比。因此，通过测量物体的辐射功率，可以计算出物体的温度。在实际应用中，红外测温仪通常使用波长在 $0.76 \sim 100\mu m$ 之间的红外辐射，因为这个波段的辐射最容易被物体吸收，同时也可以避免环境因素的干扰。

红外测温技术具有快速、准确、非接触等优点，因此在电力输电巡检行业中得到了广泛的应用。它可以帮助巡检人员快速检测电力设备的温度，及时发现潜在的问题，避免设备故障和停电事故的发生。

二、多旋翼无人机系留红外测温系统的基本原理及工作流程

红外热像仪利用红外探测器和光学成像物镜接收被测目标的红外辐射能量，并将分布图形反映到红外探测器的光敏元件上，从而获得红外热像图，这种热像图与物体表面的热分布场相对应。通俗地讲，红外热像仪就是将物体发出的不可见红外能量转变为可见的热图像。热图像上面的不同颜色代表被测物体的不同温度，如图 7-5 所示。

针对输电线路复合绝缘子的伞裙破损、芯棒受潮、球头松脱进水；线路耐张线夹、接续管等部位异常发热等缺陷，使用无人机搭载红外热成像相机进行巡视诊断，已被验证是一种效率高、测温准的工作手段。

图 7-5 热成像作业

拍摄注意事项：

（1）无人机与巡检目标之间的距离，是关系着测温结果准确性的最关键因素。红外热成像无人机及负载在出厂前均进行了测温精度标定，在距离待测物 5m 的情况下，可实现 ±2℃或 ±2%（两者取最大者）的测温绝对精度。与测温目标相隔 5m 是最合适的拍摄距离，过近或者过远都会带来更大的测温误差。作业过程中无人机可通过避障提示和飞行经验进行估算。

（2）非常容易受到外部环境影响。在阳光暴晒下的金具或绝缘子，其向阳面与背阳面温差可达 3 ～ 5K，可能会掩盖内部异常温升并造成判断错误。因此红外测温最佳时间应在清晨、傍晚之后或阴天，避免在强光照的白天进行拍摄。

（3）空气湿度和风速也会较大影响红外测温的结果，根据行业作业规范与现场经验，在空气湿度 70% 及以下、风速一般不大于 5m/s 时，适合进行输电线路设备的红外巡检作业。

（4）为使红外照片易于分析诊断，在拍摄时应尽量将测温目标置于纯净的天空背景中，在保证飞行安全的前提下可使用仰拍视角，避免塔身、地面等复杂环境带来画面与温度上的干扰。

三、多旋翼无人机系留红外测温系统的应用

使用无人机作业，可使作业范围迅速扩大，且不为跨江、跨湖、污泥或雪地所困扰。无人机系统可以到达地面人员无法接近的山谷地带，可以迅速跨越两个工作地点，不仅速度快，而且在户外工作不会发生破坏庄稼、轧坏土地等事件，也减少了电力巡检作业对农田地、湿地保护区等敏感地区的影响。无人机红外测温弥补了人工测温的角度局限性，且数据精准度高。传统红外测温需要人工手持红外测温仪，在杆塔底部找准站位进行对焦、测温等操作，存在距离远、数据精准度不高等缺点。

随着今后电网的快速建设，维护电网的安全稳定高效运营，已成为电网运行的当务之急。依靠无人机系留红外测温系统，将对电网运行质量的提高和经济效益的提高提供强有力的支持。

四、多旋翼无人机系留红外测温系统的应用案例

2023 年 9 月 23 日，新疆送变电乌鲁木齐运检分公司对 750kV 吐鄯一二线、鄯天一二线部分耐张塔开展无人机红外测温工作，密切关注设备运行情况，掌握线路设备潜在隐患，确保输电线路安全运行。

第六节　多旋翼无人机喊话系统的应用技术

一、多旋翼无人机喊话系统的意义与背景

无人机扬声器通常又被称为无人机喊话器，喊话器装置在生活中并不少见，而它被用于无人机上对大多数人来说还是比较新奇的事情。随着应用领域的无人机使用数量的增多，无人机喊话器作为无人机常见载荷之

一，也在相关行业领域内广泛应用。近年来，其传输距离和功能也在研发人员的钻研中不断突破。

二、多旋翼无人机喊话系统的基本原理及工作流程

（1）使用遥控器按下喊话键。

（2）发布喊话时，需要按住喊话键并说话。大疆无人机喊话器可以持续录制声音，当用户停止说话时，喊话器将自动停止录音并开始回放所录制的语音内容。

（3）按下遥控器上的喊话键，即可实现不同频率的闪烁效果，比如上下闪烁或者交替闪烁等。

以上是大疆无人机喊话器的使用方法，非常方便实用。喊话器可实现空中喊话、传递信息或者广告宣传等功能。在使用前需仔细阅读说明书，正确操作喊话器，并注意安全。

三、多旋翼无人机喊话系统的应用

无人机扬声器能够安装在多旋翼或者固定翼无人机上，基于数字无线传输技术，可以播放录制声源，进行实时广播。在电力宣传、搜索、大型赛事活动等任务场景中，无人机喊话器都非常有帮助。

四、多旋翼无人机喊话系统的应用案例

2023 年 10 月 26 日，为进一步加强输电线路防外力破坏的管控，有效遏制外力破坏事件的发生，新疆送变电南疆库尔勒运检分公司组织开展"保护电力设施，畅通能源通道"防外破活动。活动现场，公司通过无人机高空播放录音方式，开展防外破知识宣讲，向施工作业现场"喊话"，深入线路周边农户家中讲解日常生活中的涉电安全、在电网线路附近施工作业须注意的安全事项等内容，加强周边群众保护电力设施的责任安全意识。无人机喊话作业如图 7-6 所示。

图 7-6　无人机喊话作业

第七节　多旋翼无人机挂绳结合电动升降装置带电作业

一、多旋翼无人机挂绳系统的意义与背景

传统电动升降装置的使用是人工携带静力绳，到达杆塔适当位置后手动将绳子抛下，使静力绳搭在导线上，固定一根绳子后即可在另一根绳子上进行装置的使用。无人机的出现代替了人工抛绳的步骤。无人机搭载专用的、自主研发的抛挂滑车用于进行静力绳的挂载，克服人工抛绳工作强度高、工作时间长的问题。相比传统的人工抛绳方式，运用无人机进行抛绳有着巨大的优势，最显而易见的就是快，无人机可以快速起飞，不用像人工抛绳的方式那样爬上爬下，特别是在一些夏季与冬季的极端天气抢修作业中，可以大幅减少人工作业时长，降低作业风险。

二、多旋翼无人机挂绳系统的基本原理及工作流程

（1）测量现场风速、温湿度等气象条件是否满足挂绳无人机作业的要求。检查完毕后方可进行空域申请工作。

（2）飞行操作人员对挂绳无人机进行起飞前检查，确保挂绳无人机处于适航状态。

（3）飞行操作人员将绝缘静力绳与导线挂绳器连接牢固，挂在无人机挂绳装置上，飞机起飞后，飞行操作人员操控挂绳无人机从边相导线外侧15m 处垂直升高至导线挂绳器略高于导线后，缓慢接近导线，挂绳装置距导线 1m 时悬停。

（4）飞行操作人员向工作负责人申请挂绳，收到命令后操控无人机使导线挂绳器缓慢靠近导线，将导线挂绳器挂在导线上后，挂绳无人机按规划的飞行路径降落。无人机操作人员按照相同流程将后备保护绳挂在导线上，挂绳工作结束。

三、多旋翼无人机挂绳系统的应用

采用无人机挂绳系统进行等电位带电作业，等电位作业人员无须再爬上爬下，无须塔上高空人员辅助，无须攀爬软梯，直接从地面起飞无人机，由传统的"人力攀登、塔上辅助"模式，转变为"一键升降、地面直达"模式，大大降低了作业人员的劳动强度和安全风险。

四、多旋翼无人机挂绳系统的应用案例

2023 年 11 月 8 日，新疆送变电南疆库尔勒运检分公司组织人员使用多旋翼无人机挂绳系统对 220kV 什金二线开展带电消缺，确保线路在迎峰度冬期间的安全可靠供电，如图 7-7 所示。

图 7-7　无人机挂绳系统

第八节　无人机喷火操作

一、无人机喷火的意义与背景

无人机喷火设备配备有先进的喷火系统，可以实现快速、准确地灭火和消除异物。此外，该设备还具有无人机飞行功能，可以实现远程控制，有效降低灭火除异物人员的工作强度。

二、无人机喷火的基本原理及工程流程

在安装无人机喷火设备时，需要遵循以下步骤：

（1）检查无人机的完好性，确保没有损坏或故障。

（2）安装喷火系统，确保其牢固、稳定。

（3）连接无人机与喷火系统的控制线，确保可以正常控制喷火系统。

（4）将无人机放置在安全的位置，并确保其可以稳定起飞和降落。

在启动无人机喷火设备时，需要遵循以下步骤：

（1）检查无人机和喷火系统的连接线是否牢固。

（2）打开无人机的电源开关，等待无人机启动。

（3）确认无人机正常启动后，打开喷火系统的开关。

（4）通过遥控器或控制软件对无人机进行操作，确保其可以正常飞行和喷火。

在关机时，需要遵循以下步骤：

（1）关闭喷火系统的开关。

（2）关闭无人机的电源开关。

（3）将无人机的控制线断开，以确保安全。

通过遥控器或控制软件，可以对无人机进行飞行控制。具体操作方法如下：

（1）通过遥控器或控制软件选择合适的飞行模式和高度。

(2) 按下起飞按钮，无人机将自动起飞至所选高度。

(3) 通过遥控器或控制软件对无人机进行操控，使其能够到达发现异物的地方。

(4) 在现场，控制无人机的高度使其能够准确地对目标进行喷火。

(5) 完成任务后，通过遥控器或控制软件使无人机返回到安全的高度和位置，然后按下降落按钮使其安全降落。

在操作无人机喷火系统时，需要遵循以下步骤：

(1) 确认喷火系统已经打开。

(2) 通过遥控器或控制软件调整无人机的位置和高度，使其能够准确地对目标进行喷火。

(3) 完成任务后，关闭喷火系统的开关。

三、无人机喷火的应用

电力运维业内有一句俗语："电力运维靠两机，巡检是一机，除障是一机"。当前电力巡检已经迎来无人机的"加盟"，事实上电力除障也能依靠无人机来完成。除障用的无人机叫作"喷火无人机"。日常电力运维中，巡检无人机能快速检查和精准识别出电力设施或线路中的故障，而喷火无人机则能从空中高效地进行除障作业，二者"双剑合璧"共同确保电力电网安全。

无人机常有，喷火无人机却并非寻常之物，那么，它有何"玄机"呢？简单地说，喷火无人机其实是由无人机和喷火装置组合而成的电力运维设备。在日常电网除障中，无人机负责锁定瞄准位置，喷火装置中的喷枪喷出特殊油料，再通过喷枪前端的电子打火器点燃形成火舌，能够燃烧异物、快速除障。

四、无人机喷火的应用案例

2017 年 2 月，贵州安顺供电局输电管理所曾用喷火无人机清除电线上的风筝；2018 年 4 月，广西玉林供电局首次利用喷火无人机清除输电线路避雷线上的异物；2019 年 1 月，国网重庆永川供电公司也运用喷火无人机进行除障演示，清理了一个马蜂窝。无人机喷火操作如图 7-8 所示。

图 7-8　无人机喷火操作

第九节　无人机验电技术

一、无人机验电技术的意义与背景

无人机验电技术是一种新型的检测方法，它利用无人机作为载体，搭载高灵敏度的验电检测设备，对电力线路进行实时监测。该技术有效克服了传统检测方法中人工效率低、危险性高等问题，实现了对电力线路的快速验电、准确识别。这种技术有效解决了传统电力线路验电过程中人工巡检的安全隐患、效率低下等问题，为电力行业提供了更为安全、高效、智能的检测手段。

二、无人机验电技术的基本原理及工作流程

无人机验电技术是一种利用无人机携带验电设备，对输电线路进行远程检测和监测的技术。其原理和基本流程如下。

（一）原理

无人机验电技术主要利用无人机携带的高清摄像头、红外线检测设备等，通过遥控信号与地面工作站进行数据传输。在飞行过程中，无人机沿着输电线路进行巡视，实时采集线路的图像、温度等信息。通过分析这些数据，可以检测线路的运行状态，发现潜在的安全隐患。

（二）基本流程

（1）准备工作：检查无人机及其携带的设备是否完好，确保遥控信号畅通。同时，对输电线路进行初步了解，确定飞行路线和作业范围。

（2）起飞与操控：根据地面工作站发出的指令，操控无人机起飞，并使其沿着预设的飞行路线进行巡检。

（3）数据采集：无人机在飞行过程中，通过高清摄像头、红外线检测设备等实时采集输电线路的状态信息，如导线、塔架、绝缘子等。

（4）数据传输与处理：无人机将采集到的数据实时传输至地面工作站，技术人员对数据进行分析，判断线路运行状态，发现潜在隐患。

（5）结果报告：根据数据分析结果，生成检测报告，包括线路运行状态、安全隐患等信息，为后续的运维工作提供依据。

（6）结束任务：完成检测任务后，操控无人机返航，降落至指定地点，并对无人机进行检查、维护，以准备下一次任务。

总之，无人机验电技术通过实时采集输电线路的状态信息，对线路进行远程监测和检测，有助于发现潜在的安全隐患，提高输电线路的安全运行水平。同时，无人机验电技术具有效率高、成本低、安全风险小等优点，有望在未来的电力系统运维中得到更广泛的应用。

三、无人机验电技术的应用

无人机在电力线路验电中的应用主要体现在以下几个方面：

首先，无人机可以进行远程巡检，通过搭载的高清摄像头、红外线探测器等设备，实时监测电力线路的运行状态，发现线路设备的异常情况。

其次，无人机可以实现对输电塔、线夹等高处设备的检测，减轻了人工巡检的劳动强度和安全风险。

最后，无人机可以进行快速响应，及时处理线路故障，提高电力系统的应急响应能力。

四、无人机验电技术的应用案例

2023 年 11 月 27 日，廊坊市文安县 110kV 张澎线停电检修现场，国网廊坊供电公司首次利用无人机成功完成了该线路的验电、装拆接地线的新工法作业。作业过程中，检修人员无须登塔，在地面利用无人机远程遥控操作，在电力导线上放置及取下装拆地线装置完成装拆地线工作，全程不需要作业人员进行登高作业。无人机进行验电作业如图 7-9 所示。

图 7-9　无人机进行验电作业

第十节　固定翼无人机巡检运输技术

一、固定翼无人机的意义与背景

固定翼无人机作为一种典型的航空器，以其独特的飞行原理和优越的性能在众多领域取得了广泛的应用。相较于其他类型的无人机，固定翼无人机具有较高的飞行速度、较远的航程以及更好的稳定性，使其在巡检搭载运输等领域具有重要价值。固定翼无人机主要由机体、动力系统、飞行控制系统、导航系统以及传感器等部分组成，这些部件的协同工作保证了无人机在复杂环境下的稳定飞行。

二、固定翼无人机巡检运输技术的基本原理及工作流程

固定翼无人机主要是利用空气动力学原理，通过发动机驱动螺旋桨产生上升力，使无人机升空。当无人机达到一定高度后，通过调节发动机转速和螺旋桨角度，使无人机实现前进、后退、左右移动等飞行姿态。

固定翼无人机的基本操作流程如下：

（1）准备阶段：检查无人机各项设备是否正常，包括机身、机翼、发动机、螺旋桨、油箱、飞行控制系统、通信天线、GPS等。同时，确保地面控制设备和遥控器工作正常。

（2）起飞阶段：将无人机放置在地面上，调整发动机转速和螺旋桨角度，使无人机获得足够的升力。当无人机达到一定高度后，旋翼切换固定翼模式，转为自主飞行模式。

（3）飞行阶段：根据任务需求，通过遥控器或地面控制系统调整无人机的飞行姿态，如前进、后退、左右移动、上升、下降等。同时，无人机上的相机或其他载荷开始工作，收集所需数据。

（4）导航与控制：利用机载GPS和地面导航系统，无人机可以按照预设的航线进行自主飞行。在飞行过程中，根据实际环境情况，适时调整飞行计划。

（5）监测与数据传输：无人机将实时采集的数据传输至地面监控系统，如影像、位置、速度等信息。地面监控系统可以实时分析数据，并根据需要调整无人机飞行计划。

（6）降落阶段：完成任务后，无人机根据预设的降落点进行降落。在降落过程中，注意控制无人机的速度和姿态，确保安全着陆。

（7）回收与维护：无人机降落后，对无人机进行检查和维护，清理机身表面灰尘和杂物，检查各部件是否正常，为下一次飞行做好准备。

总之，固定翼无人机通过空气动力学原理实现飞行，操作流程包括起飞、飞行、导航与控制、监测与数据传输、降落和回收等环节。在实际应用中，根据任务需求调整无人机飞行计划，确保无人机安全、高效地完成任务。

三、固定翼无人机巡检运输技术的应用

固定翼无人机在巡检运输领域的应用具有显著优势。首先，在电力、交通等基础设施建设领域，无人机可以快速巡检线路、廊道等设施，及时发现隐患，降低人工巡检的风险。其次，在环境监测方面，固定翼无人机可以长时间在大气、水体等环境中监测污染源，为环保部门提供有力支持。此外，在物流运输领域，无人机可以实现快速、精准的物品配送，特别是在地形复杂、交通不便的地区，无人机运输具有明显优势。

四、固定翼无人机巡检运输技术的应用案例

2023年1月27日，伴随着阿克苏地区持续的余震，南疆喀什运检分公司抽调固定翼无人机前往阿克苏地区对750kV库阿一线、二线开展线路廊道震后特巡。分公司根据地震区域的地理位置、地形地貌、飞行条件等因素，制定了详细的固定翼无人机巡视计划，计划包括飞行路线、任务区域、续航时间、气象条件等，确保巡视过程中无人机能够高效、安全地执行任务。固定翼无人机进行巡检运输作业如图7-10所示。

图 7-10　固定翼无人机进行巡检运输作业

第十一节　无人机 RPV 喷涂技术

一、无人机 RPV 喷涂技术的背景与意义

无人机 RPV 喷涂技术是一种新兴的电力设施维护技术，它利用无人机作为载体，搭载 RPV（远程操控设备）进行高海拔、高风险电力设施的喷涂作业。这种技术在我国近年来得到了广泛关注和应用，为电力行业带来了前所未有的便捷和安全保障。通过无人机 RPV 喷涂技术，可以实现对输电线路、变电站等设施的实时监测、巡检以及维修养护，大大提高了电力设施的运行效率和安全性。

二、无人机 RPV 喷涂技术的工作原理与流程

无人机 RPV 喷涂技术的工作原理主要包括以下几个方面：

首先，无人机通过遥控器或自主飞行系统抵达作业地点。

随后，搭载的 RPV 设备对电力设施表面进行清洁和预处理，为喷涂作业做好准备。

接下来，无人机按照预设的喷涂路径和参数，通过高压喷涂设备将涂料均匀地喷涂在电力设施表面。

最后，无人机完成喷涂作业后返回基地，进行设备清洗和维护。

在整个喷涂过程中，无人机 RPV 技术具有高度的灵活性和准确性。通过遥控器或自主飞行系统，可以轻松地控制无人机在复杂环境下进行作业。同时，RPV 设备具备高精度传感器和摄像头，实时传输电力设施表面的图像和数据，确保喷涂质量和作业安全。此外，无人机 RPV 喷涂技术还可以根据作业需求，调整喷涂速度、涂料流量等参数，实现个性化喷涂作业。

三、无人机 RPV 喷涂技术的应用

无人机 RPV 喷涂技术在电力行业的应用前景广阔。这项技术不仅能提高电力设施的运行效率和安全性，还可以降低维护成本。通过实时监测和巡检，无人机 RPV 喷涂技术有助于发现电力设施的潜在隐患，及时进行维修养护，延长设施使用寿命。此外，该技术在输电线路、变电站等领域的应用，有助于提高电力系统的稳定性和可靠性。

四、我国无人机电力 RPV 喷涂技术的应用案例

2023 年 5 月 12 日，在江苏省连云港市赣榆区 10kV 岛线，一架六旋翼无人机在两名工作人员的操控下平稳停在 13m 高空，随后利用万向喷嘴对绝缘导线的金属裸露点均匀喷涂绝缘材料，这是国网江苏省电力有限公司首次应用无人机进行线路绝缘化改造的工作。无人机进行喷涂作业如图 7-11 所示。

图 7-11　无人机进行喷涂作业

第八章

无人机电力巡检作业

第一节　作业流程

架空输电线路作为电力系统中十分重要的环节，其稳定运行直接关系到整个电力系统的安全运行。因此，架空输电线路的运行与维护作为保证供电系统安全稳定运行的基础，需要不断加强。无人机应用到架空输电线路巡检作业中，已有近十年时间，配合人工巡检与有人机巡检协同工作取得了很好的效果。无人机巡检作业技术有严格的作业流程规范与安全规章要求，为了确保巡检工作的安全高效运行，在执行巡检工作时，应严格按照规程展开工作。

一、空域的申报

目前，我国民用无人驾驶航空器系统使用的空域分为融合空域和隔离空域。融合空域是指有其他载人航空器同时运行的空域。隔离空域是指专门分配给遥控驾驶航空器运行的空域，通过限制其他载人航空器的进入以规避碰撞风险。无人机巡检涉及空域的使用，要在飞行前进行空域使用的申报，申报内容主要包括飞行空域的申报和飞行计划的申报两个方面。使用无人驾驶航空器执行抢险救灾等紧急任务的，应当在计划起飞30min前向空中交通管理机构提出飞行活动申请。空中交通管理机构应当在起飞

10min 前作出批准或者不予批准的决定。执行特别紧急任务的，使用单位可以随时提出飞行活动申请。

（一）申报飞行空域

原则上应当遵循统筹配置、安全高效原则，以隔离飞行为主，兼顾融合飞行需求，充分考虑飞行安全和公众利益。划设无人驾驶航空器飞行空域应当明确水平、垂直范围和使用时间。空中交通管理机构应当为无人驾驶航空器执行军事、警察、海关、应急管理飞行任务优先划设空域。

一般需提前 7 日提交申请并提交下列文件：

（1）组织飞行活动的单位或者个人、操控人员信息以及有关资质证书；

（2）无人驾驶航空器的类型、数量、主要性能指标和登记管理信息；

（3）飞行任务性质和飞行方式，执行国家规定的特殊通用航空飞行任务的还应当提供有效的任务批准文件；

（4）起飞、降落和备降机场（场地）；

（5）通信联络方法；

（6）预计飞行开始、结束时刻；

（7）飞行航线、高度、速度和空域范围，进出空域方法；

（8）指挥控制链路无线电频率以及占用带宽；

（9）通信、导航和被监视能力；

（10）安装二次雷达应答机或者有关自动监视设备的，应当注明代码申请；

（11）应急处置程序；

（12）特殊飞行保障需求；

（13）国家空中交通管理领导机构规定的与空域使用和飞行安全有关的其他必要信息。

（二）申报飞行计划

无论是在融合空域还是在隔离空域实施飞行都要预先申请，经过相应部门批准后方能执行。组织无人驾驶航空器飞行活动的单位或者个人应当在拟飞行前 1 日 12 时前向空中交通管理机构提出飞行活动申请。空中交通管理机构应当在飞行前 1 日 21 时前作出批准或者不予批准的决定。

二、飞行巡检工作流程

以新疆电网为例进行说明。新疆各（地、市、州）单位、新疆超高压分公司（以上统称为"各单位"）等无人机巡检的作业流程、作业风险及预控措施等无人机作业工作必须严格按照流程进行。

（一）任务规划

根据公司立体化巡检要求及各单位运维周期编制适航区线路的多旋翼及固定翼巡视计划，年（月、周）计划分别由各单位输电中心、运维部审核后按照时间节点线下上报航巡中心审批。

1. 年度巡检计划

各单位按照所辖输电线路适航区结合年度检修计划对无人机年度巡视计划进行编制，于每年 10 月 20 日前上报航巡中心，航巡中心统一审核后上报公司设备管理部进行审批并于 10 月 31 日前发布。

单位	线路名称	电压等级	线路全长区段	计划巡检区段	计划巡检时间	计划巡检杆塔	巡检里程	备注	航线编号
国网巴州供电公司	平牧线	110kV	#001-#090	#001-#007、#031-#090	02月01日-02月28日	67	12	#008-#030位于库尔勒机场禁飞区	航线65：巴州地区火尉线

2. 月度巡检计划

各单位根据年度飞行计划，分解编制月度计划，月度计划中需涵盖红外测温、专项排查及其他飞行作业计划，按照预计实际开展时间细化作业开展时间段，每月 25 日 18 时之前经审核后上报航巡中心进行审批，并于每月 26 日发布。

作业单位	电压等级	线路名称	巡视类型	巡视区段	巡视基数	计划工作时间	备注
国网巴州供电公司	110kV	鹭发线	精细化巡检	#001-#072	72	04月01日-04月30日	

3. 周巡检计划

根据月度巡视计划合理制定周飞行计划，审核后于每周四 18 时前上报至航巡中心。

设备所属单位	电压等级	线路名称	巡视类型	月度巡视区段	工作负责人	下周巡视计划
国网昌吉供电公司	220kV	凤阳一线	精细化巡检	1#-167#	杨浩东 15688350060	1#-167#

4. 日巡检计划、日反馈

根据周巡检计划安排，提前两日于 18 时前上报日巡检计划，次日上报当日巡检日报，报送超时或漏报的日计划，不予统计。

作业单位	电压等级	线路名称	巡视类型	作业计划	现场工作负责人及联系方式	航线编号	预计作业时间	作业区段所属地
国网昌吉供电公司	110kV	祥丰线	精益化巡视	101#-142#	陈相辉 15599618882	航线15：昌吉州地区凤鸟线	11:00-18:00	乌鲁木齐机场以西方向60公里起，乌鲁木齐机场以西西向100公里降

5. 临时计划及计划变更

严格按照上报的年、月、周、日计划集中人员、区域开展无人机巡检作业，若临时安排专项、应急排查等工作任务，至少作业前一天由各单位输电中心分管领导向航巡中心报备，航巡中心进行审批后执行。因恶劣天气、疫情防控或重要生产任务等因素需变更调整飞行计划，经各层级部室及分管领导批复后上报航巡中心，经核查审批后按变更后计划执行。

6. 其他要求

如需申请线路超过 1 条时，应按照每 4 人申请 1 条线路（同塔双回、平行架设、邻近线路按 1 条线路计算）的原则进行空域申报。

（二）任务准备

1. 气候环境判定

天气必须满足无人机飞行条件，如遇风速大于 5 级、沙尘雾霾、雨雪冰雹、气温低于零下 20℃等天气情况时，不建议开展无人机飞行作业。气候环境判定如图 8-1 所示。

2. 现场勘查

工作开始前，组织作业人员根据工作内容进行现场勘察，核查作业范围是否满足空域的相关要求并核实杆塔和主要地标物的 GPS 坐标等信息，按照"一地形、一勘察"的要求填写现场勘察单、工作任务单等。

3. 起降场地的选择

现场起降点应选择平坦地形位置，避开信号干扰源，与线路边线水平距离不小于 15m，严禁在线路下方起降。起降场地的选择如图 8-2 所示。

图 8-1　气候环境判定

图 8-2　起降场地的选择

4. 设备检查

作业人员对多旋翼无人机外观进行检查，确保各部件安装牢固，无损坏、破损，电池电量充足，各系统参数正常，填写飞行前检查单。若采用多旋翼无人机自主巡检飞行，应提前将航线下载并导入。若采用固定翼飞行，应进行现场布置铺设防尘布、航线编辑与上传、适航检查、动力测试及燃油加注等。设备检查如图 8-3 所示。

图 8-3　设备检查

5. 作业前交底

作业人员明确作业任务内容、应急措施，熟知作业线路环境、坐标位置、危险点及应急防控措施等，根据实际情况确定无人机的飞行方案进行作业前交底，并填写工作任务单。作业前交底如图 8-4 所示。

6. 人员准备

人员作业要求。各单位按照《国网新疆电力有限公司航巡中心无人机驾驶员分级评定及现场作业标准》要求，开展无人机航巡工作，每日工作量按实际巡检基数上报，同一架设备操作人员不得超过两人；航巡中心每月统计现场操作人员巡检工作情况，每月更新、通报巡检人员评级情况。人员要求如下：

（1）从事一线运维生产工作一年以上，熟练掌握线路运维基本业务技能。

图 8-4　作业前交底

（2）应取得无人机驾驶员（或机长）驾驶执照并通过每年度无人机安规考试测评。

（3）按照任务类型掌握各机型无人机及搭载设备的操作使用及基本保养维护。

（4）现场作业人员巡检过程中如因人为原因或因违反现场作业安全规程发生设备事故，同组巡检人员分别扣除当前等级一半巡检基数（Ⅰ级人员不降级）。等级评定表见表 8-1。

（5）巡检人员连续停飞 6 个月未开展无人机巡检工作直接降低一个等级。

表 8-1　新疆公司人员等级评定表

序号	人员评定等级	飞行要求
1	Ⅰ级（持证）	累计巡视达 1800 基，允许超视距独立作业
2	Ⅱ级（持证）	累计巡视达 1000 基，允许视距内独立作业

续表

序号	人员评定等级	飞行要求
3	Ⅲ级（持证）	累计陪飞（巡视）达 600 基或专业技能培训超 15 个工作日通过航巡中心考评，设立监护人允许视距内作业
4	Ⅳ级（持证）	须两人以上（包含 1 名及以上Ⅲ级以上人员）并设立专职监护人员情况下操作无人机设备

（三）任务执行

1. 申请作业

（1）申报要求：起飞前至少半小时由现场工作负责人向航巡中心许可人申报当日飞行计划，批复后起飞第一时间向许可人进行起飞通报后开展作业。两条及以上线路非同塔双回、非并行双回线路应分别由各小组负责人申报，单回线路或同塔双回线路需一个工作负责人进行申报。如图 8-5 所示。

（2）申报内容包括：作业单位、现场负责人、航线编号及名称、作业线路区段及起降点位置信息、天气情况、作业时间范围、小组作业人数及设备数量等。

（3）申报标准术语：我是 XXX 公司 XXX，计划使用 XXXXX 无人机对 XXX 千伏 XXXX 线 XXX 号～ XXX 号，航线编号 XXX 号开展 XX 巡视，现场天气 XX，风速 XXm/s，温度 XX℃，满足作业条件，计划 XX 时 XX 分飞行，XX 时整结束，作业人数 X 人、设备数量 X 架，现申请按计划时间开始工作。

2. 巡检内容

无人机巡检作业由杆塔本体巡检及通道巡检组成。多旋翼无人机巡检作业类型，包括精细化巡检，自主巡检，导线间隔棒金具磨损，覆冰、雾凇观测，红外测温，激光雷达扫描等。

图8-5　申报要求核准

（1）精细化巡检。手动操作无人机对输电线路设备连接金具挂点及绝缘子的整体运行状况进行精细化巡检拍照，如图8-6所示。

（2）自主巡检。通过自主软件及自主航线使用RTK机型对输电线路设备连接金具挂点及绝缘子的整体运行状况进行自主巡检拍照，如图8-7所示。

图 8-6　精细化巡检

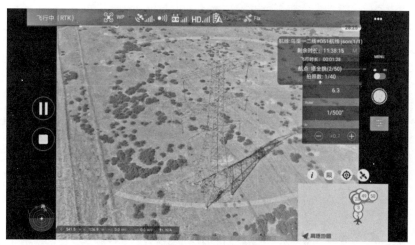

图 8-7　自主巡检

（3）导地线间隔棒、防风拉线、故障点及应急抢险专项巡检。对输电线路设备导地线、间隔棒、引流、金具、防风拉线磨损情况以及外破故障点、防汛、烧荒等线路有针对性地进行运行情况的排查巡视，如图 8-8 所示。

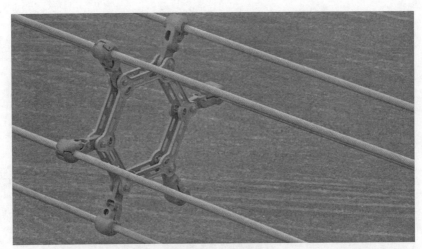

图 8-8　专项巡检

（4）覆冰、雾凇观测。对输电线路设备导地线及绝缘子的覆冰情况进行观测检查及采集影像及视频，如图 8-9 所示。

图 8-9　覆冰、雾凇观测

（5）红外测温。针对大负荷运行及重要保电输电线路耐张塔的引流板及压接管的发热情况进行检测并进行软件分析，拍摄遵循《无人机电力巡检红外图像分析技术规范》红外样本采集的要求，如图 8-10 所示。

图 8-10　红外测温

（6）激光点云扫描。通过搭载雷达设备，对输电线路杆塔本体及通道环境，进行点云扫描及建模，如图 8-11 所示。

（四）巡检作业管理要求

1. 拍摄基本原则

多旋翼无人机巡检路径基本原则是：面向大号侧先左后右，从下至上（对侧从上至下），先小号侧后大号侧。

图 8-11   激光点云扫描

(1) 单回直线塔：面向大号侧先拍左相再拍中相后拍右相，先拍小号侧后拍大号侧。

(2) 双回直线塔：面向大号侧先拍左回后拍右回，先拍下相再拍中相后拍上相（对侧先拍上相再拍中相后拍下相，∩形顺序拍摄），先拍小号侧后拍大号侧。

(3) 单回耐张塔：面向大号侧先拍左相再拍中相后拍右相，先拍小号侧再拍跳线串后拍大号侧。小号侧先拍导线端后拍横担端，跳线串先拍横担端后拍导线端，大号侧先拍横担端后拍导线端。

(4) 双回耐张塔：面向大号侧先拍左回后拍右回，先拍下相再拍中相后拍上相（对侧先拍上相再拍中相后拍下相，∩形顺序拍摄），先拍小号侧再拍跳线串后拍大号侧，小号侧先拍导线端后拍横担端，跳线先拍横担端后拍导线端，大号侧先拍横担端后拍导线端。

2.巡检要求及注意事项

（1）作业期间无人机设备应对尾起降飞行，禁止线下穿越，时刻注意周边障碍物。

（2）直流线路作业时，须使用带有 RTK 装置的无人机设备，根据现场干扰程度选择使用 D-RTK，巡检过程中时刻观察连接情况。

（3）农田地作业时注意观察避让树木、拉线网等障碍物；山区作业时注意观察返航高度、山区风向及山体，保持足够的安全距离，禁止翻山超视距飞行；沙漠作业时须使用起降垫，避免沙粒进入设备内部。

（4）如需使用抛投器配合各类检修工作，作业前须将作业方案及技术参数纳入检修"四措一案"内逐级审核；作业时绳索或物件重量不得大于无人机最大载重量；另外使用一架无人机作为观察机，时刻观察工作无人机状态和与线路设备的安全距离。

（5）自主巡检作业应充分考虑到连续航线路径中信号干扰因素，避开复杂环境，选择信号稳定且地势平坦无障碍物的地点执行航线。若出现掉星、信号不稳定等导致 RTK 信号中断或自主软件中断链接，应根据实际情况做出应急判断，及时切换飞行姿态悬停进行处理或一键返航。

（6）无人机在空中飞行时发生故障或遇紧急意外情况等，应尽可能设置悬停或控制无人机远离线路杆塔在安全区域紧急降落。

（7）无人机飞行时，若通信链路长时间中断，在预计时间内仍未返航，应记录掌握的无人机最后地理坐标位置信息，方便及时寻找。

（8）巡检作业区域如突遇雷雨、冰雹、雾霾、沙尘暴、风吹雪等极端天气，应立即返航或就近安全降落回收设备并向航巡中心报备中断作业，现场负责人持续观察天气情况，若超过一个小时现场天气情况仍不满足作业条件，向航巡中心报备说明现场情况，提前终结当日作业任务。

（9）巡检作业区域出现其他飞行器或漂浮物时，应立即返航降落停止作业，评估作业安全性，同时报备航巡中心，确保空域安全后继续执行任务，否则应采取避让措施。

（10）若作业人员身体出现不适或受其他干扰影响作业，应迅速采取措施保证无人机设备安全，情况紧急时，可立即控制无人机返航或就近降落。

（11）操作人员应实时监视飞行状态，如发生飞行不稳定等异常事件，必须立即降落、查明原因并及时处理，无异常后方可重新作业。

（五）作业结束

1. 返航降落

多旋翼无人机返航前，作业人员应正确判断风向、风速，平稳、缓慢地降低无人机高度，现场负责人应根据飞行高度的变化向操作人员持续通报，同时确认起降场地无外物。

2. 终结作业

现场作业结束后，向航巡中心报告申请终结当日工作，并填写完成工作任务单或工作票内容。若当日作业出现设备事故等异常情况，应于当日相关工作票据中对应体现。

3. 终结标准术语

我是 XXX 公司 XXX，现已完成 XXX 千伏 XXXX 线 XXX 号～ XXX 号 XX 巡检工作，现场及设备无异常，申请终结工作。

（六）巡视成果管理

1. 建立缺陷隐患存档

建立缺陷隐患存档，按照公司统一要求将采集的缺陷、隐患照片推送上传至系统设备主人及输电中心进行审核、上报及录入工作。涉及巡视成果包括无人机、直升机在精细化巡检、自主巡检、专项排查、检测、通道巡检及特殊区段巡视等工作中发现的相关设备缺陷隐患信息。

2. 巡视佐证资料

定期对作业成果进行编辑、分类存档，保存时间在两年以上。涉及资料包括：工作任务单或工作票、现场勘查单、飞行前检查单、拍摄原影像及缺陷影像，如图 8-12 所示。

图 8-12 成果管理展示

（七）资料管理

1. 公安报备资料

根据巡检计划及属地治安报备要求，提前做好公安报备材料的整理及收集。涉及资料包括：临时空域审批表、无人机驾驶员资格证及身份证、无人机设备照片、民用航空器登记表等。以上资料未经航巡中心允许不得外传或借鉴，定期做好资料更新工作，确保巡检工作有序开展。

2. 线路基础台账

线路台账基本信息包括：无人机适航区线路名称、色标、杆塔总数、公里数、杆塔全高、线路地形、坐标、适航区区段、六防＋防洪区段、千寻覆盖区段、4G 信号覆盖自主巡检杆塔等数据信息，班组应存档纸质版及电子版，同时建立电子版台账，定期梳理更新。

3. 培训考试资料

按季度定期组织开展相关理论及实操技能培训工作，并做好考试及培训记录资料留存。涉及资料包括：培训通知、培训记录、培训影像、培训签到表、培训实操开展记录、培训总结、考试成绩单及试卷等。

4. 设备资料

做好无人机设备及搭载配件等入库出库管理，定期梳理设备并更新无人机设备台账，跟踪维修保养进度，掌握设备实时状态。涉及资料包括：无人机配置计划申请表、设备交接及验收记录、设备台账、检查记录、报废报备记录、无人机出入库记录、维修保养记录等。

5. 点云及自主航线管理

应建立自主航线库，对已覆盖自主航线的线路统一管理，按时更新录入，点云数据定期备份；若廊道外破或线路迁改、破口等导致线路整体环境有较大变动以及自主航线安全性受影响无法执行，应及时进行统计记录及上报。

6. 各电压等级巡检路径

220kV 无人机精细化巡检路径如图 8-13 所示。

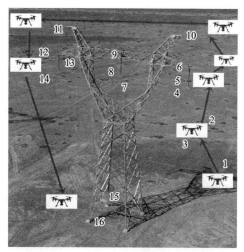

图 8-13　220kV 无人机精细化巡检路径

1—全塔；2—小号侧廊道；3—大号侧廊道；4—左相导线挂点；5—左相绝缘子；6—左相横担挂点；
7—中相导线挂点；8—中相绝缘子；9—中相横担挂点；10—左相地线挂点；11—右相地线挂点；
12—右相横担挂点；13—右相绝缘子；14—右相导线挂点；15—杆号牌；16—塔基

第二节　多旋翼无人机作业

多旋翼无人机体积小、便于运输、飞行距离较短的特点适合短距离间的架空输电线路巡检。多旋翼无人机容易操控而且有较好的稳定性，适合于针对小型部件的巡检工作。

一、巡检内容

（一）常规巡检

常规巡检主要对输电线路导线、地线和杆塔上部的塔材、金具、绝缘子、附属设施、线路走廊等进行常规性检查，例如发现导线断股、间隔棒变形、绝缘子串爆裂等。巡检时根据实际线路运行情况和检查要求，选择搭载相应的检测设备进行可见光巡检、红外巡检项目。巡检实施过程中，根据架空输电线路的情况和天气情况选择单独进行，或者红外巡检与可见光巡检的组合进行。

可见光巡检主要检查内容包括导线、地线（光缆）、绝缘子、金具、杆塔、基础、附属设施、通道走廊等的外部可见异常情况和缺陷。红外巡检主要检查内容包括导线接续管、耐张管、跳线线夹及绝缘子等的相关发热异常情况。具体见表 8-2。

表 8-2　输电线路巡检的主要任务内容

拍摄部位		可见光拍摄	红外拍摄
直线塔	塔概况	塔全貌、塔头、塔身、杆号牌、塔基	无
	绝缘子串	绝缘子	击穿发热
	悬垂绝缘子横担端	绝缘子碗头销、保护金具、铁塔挂点金具	发热点
	悬垂绝缘子导线端	导线线夹、挂板、联板等金具	发热点
		碗头挂板销	发热点
	地线悬垂金具	地线线夹、接地引下线连接金具、挂板	无
	通道	小号侧通道、大号侧通道	无
耐张塔	塔概况	塔全貌、塔头、塔身、杆号牌、塔基	无
	耐张绝缘子横担端	调整板、挂板等金具	无
	耐张绝缘子导线端	导线耐张线夹、挂板、联板、防振锤等金具	发热点
	耐张绝缘子串	每片绝缘子的表面及连接情况	击穿发热
	地线耐张（直线金具）金具	地线耐张线夹、接地引下线连接金具、防振锤、挂板	无
	引流线绝缘子横担端	绝缘子碗头销、铁塔挂点金具	无
	引流绝缘子导线端	碗头挂板销、引流线夹、联板、重锤等金具	发热点
	引流线	引流线、引流线绝缘子、间隔棒	发热点
	通道	小号侧通道、大号侧通道	无

（二）故障巡检

线路出现故障后，根据检测到的故障信息，确定架空输电线路的重点巡检区段和部位，查找故障点。通过获取具体部位的图像信息进一步分析查看线路是否存在其他异常情况。根据故障测距情况，无人机直升机故障巡检首先检测测距杆段内设备情况，如未发现故障点，再扩大巡检范围。

（三）特殊巡检

1. 鸟害巡检

线路周围没有较高的树木，鸟类喜欢将巢穴设在杆塔上。根据鸟类筑巢习性，在筑巢期后进行针对鸟巢类特殊情况的巡检，获取可能存在鸟巢地段的杆塔安全运行状况。

2. 树竹巡检

每年 4～6 月份，在树木、毛竹生长旺盛的季节，存在威胁到输电线路安全的可能性。这期间应加强线路树竹林区段巡检，及时发现超高树、竹，记录下具体的杆塔位置信息，反馈给相关部门进行后期的树木砍伐处理。

3. 防火烧山巡检

根据森林火险等级，加强特殊区段巡检，及时发现火烧山隐患。

4. 外破巡检

在山区、平原地区，经常存在开山炸石、挖方取土的情况，可能出现损坏杆塔地基、破坏地线等情况，严重影响到输电线路的安全运行，对此要进行防外破特巡。

5. 红外巡检

过负荷或设备发热时，应对重载线路的连接点采用红外热成像仪进行巡检，防止因温度过高导致的危险。

6. 灾后巡检

线路途经区段发生灾害后，在现场条件允许时，使用机载检测设备对受灾线路进行全程录像，搜集输电设备受损及环境变化信息。

二、巡检方式

使用多旋翼无人机巡检时宜采用自主起飞、增稳降落模式。操控手应在巡检作业前一个工作日完成所用巡检系统的检查，确认状态正常，准备好现场作业工器具以及备品备件等物资，并向工作负责人汇报检查和准备结果。

操控手应在巡检作业前一个工作日完成航线规划工作，编辑生成飞行航线、各巡检作业点作业方案和安全策略，并交工作负责人检查无误。

起飞点和降落点尽量一致。巡检航线应位于被巡线路的侧方，且宜在对线路的一侧设备全部巡检完后再巡另一侧。沿巡检航线飞行宜采用自主飞行模式。即使在目视可及范围内，也不宜采用增稳飞行模式。

应在通信链路畅通范围内进行巡检作业。在飞至巡检作业点的过程中，通常应在目视可及范围内；在巡检作业点进行拍照、摄像等作业时，应保持目视可及。可采用自主或增稳飞行模式控制多旋翼无人机巡检系统飞至巡检作业点，然后以增稳飞行模式进行拍照、摄像等作业。不应采用手动飞行模式。

某些杆段现场地形条件不满足双侧巡检时可只采用单侧巡检方式，条件不满足地段宜采用升高无人机在满足安全距离的情况下绕过障碍物。在检查导线、地线时，如发现可疑问题，在确保安全时，可根据巡检作业需要临时悬停或解除预设的程控悬停。暂停程控飞行转至增稳飞行模式悬停检查，确认缺陷情况后再继续程控按设定航线飞行巡检。为确保飞行作业安全，悬停检查期间，作业人员不宜手动调整飞机位置，可通过调整吊舱角度来更好地观察巡检。

多旋翼无人机巡检系统到达巡检作业点后，操控手应及时通报任务手，由任务手操控任务设备进行拍照、摄像等作业，任务手完成作业后应及时向程控手汇报。任务手与操控手之间应保持信息畅通。

若多旋翼无人机巡检系统在巡检作业点处的位置、姿态以及悬停时间等需要调整以满足拍照和摄像作业的要求，任务手应及时告知操控手具体要求，由操控手根据现场情况和无人机状态决定是否实施。实施操作应由操控手通过地面站进行。

在检查杆塔本体及连接金具时，应进行悬停检查。多旋翼无人机巡检系统不应长时间在设备上方悬停，不应在重要建筑及设施、公路和铁路等的上方悬停。巡检作业时，多旋翼无人机巡检系统距线路设备距离不宜小于 5m，距周边障碍物距离不宜小于 10m，巡检飞行速度不宜大于 10m/s。

多旋翼无人机巡检系统悬停时应顶风悬停，且不应在设备、建筑、设施、公路和铁路等的上方悬停。不得在重要建筑和设施的上空穿越飞行。

三、巡检前准备

（一）航线规划

设定航线时要查勘现场，熟悉飞行场地，了解线路走向、特殊地形、地貌及气象情况等，确保飞行区域的安全。

1. 熟悉飞行场地

熟悉飞行场地，需了解以下内容：

（1）飞行场区地形特征及需用空域。根据巡检区域内的地形情况确定空域的范围。

（2）场地海拔高度。根据测量范围内的杆塔的海拔信息，确定无人机航线的相对高度，以保证巡检时无人机与输电线路的安全。

（3）沙尘环境。测量飞行场区内的沙尘强度，确定飞行航线及飞行任务是否满足执行条件，以保证无人机及其相关设备的安全。

（4）飞行场区电磁环境。测量飞行场区内的电磁干扰强度，确保无人机与地面站的安全控制通信和数据链路的畅通。

(5) 场区保障。场区内可以给无人机提供基本的救援和维修条件，保证巡检工作的正常进行。

2. 了解气象情况

了解气象情况需了解以下内容：

(1) 大气温度、压强和密度。大气温度、压强和密度的不同，会对无人机性能产生影响，在执行任务前，根据相应条件确定适宜的机型。

(2) 风速和风向。由于小型旋翼机的机型较小，受风速的影响较大，在执行巡检任务时要根据当时的风速和风向确定所选无人机是否满足巡检条件。

(3) 能见度。为了实现安全巡检工作，应尽量选在能见度较高的天气完成巡检任务。

(4) 云底高度。根据云底高度信息，推测可能会发生的天气变化，给巡检应急措施提供准备依据。

(5) 降雨量。根据降雨量信息，制定巡检时间段及巡检航线。

(6) 周围光线。根据光照方向调整航迹方向，避免因光照引起的图像采集模糊或者图像曝光过度的情况出现。

3. 航线规划建议

(1) 根据现场地形条件选定多旋翼无人机起飞点及降落点，起降点四周应空旷，无树木、山石等障碍物，航线范围内无超高物体（建筑物、高山等），起降点大小要求如下。

① 中型无人机：3m×3m 左右大小平整的地面。

② 小型无人机：1m×1m 左右大小平整的地面。

(2) 一般情况下，根据杆塔坐标、高程、杆塔高度、飞行巡检时多旋翼无人机与设备的安全距离（包括水平距离、垂直距离）及巡检模式（单侧、双侧）在输电线路斜上方绘制航线。

（3）如所绘制的航路上遇有超高物体（建筑物、高山等）阻挡或与超高物体安全距离不足，绘制航线时应根据实际情况绕开或拔高越过。

（4）某些地段不满足双侧飞行条件时，应调整为单侧飞行。

（5）规划的航线应避开包括空管规定的禁飞区、密集人口居住区等受限区域。

4. 巡检航线库的建立

建立输电线路飞行巡检航线库，规划好的航线应在航线库中存档备份，并备注特殊区段信息（线路施工、工程建设及其他等易引起飞行条件不满足的区段），作为历史航线为后期巡检时的航线的设定提供参考信息。对航线的设定要遵循以下原则：

（1）不同时期执行相同的巡检任务，可调用历史航线。

（2）间隔时间较长的相同的巡检任务（间隔 6 个月以上），应重新核实历史航线中的起降点、特殊区段是否满足飞行条件，如不满足应进行航线修改。

（3）每次飞行巡检作业结束后应及时更新航线信息。

5. 风险控制

为了保证巡检的安全顺利进行，要建立如下风险预控及安全保证机制。

（1）多旋翼无人机巡检作业应办理工作票手续。中型机巡检作业应办理架空输电线路无人机巡检作业工作票，小型机巡检作业应办理架空输电线路无人机巡检作业工作单。

（2）每次巡检作业前，应根据相应机型、巡查项目编制无人机巡检作业指导书，其内容主要包括适用范围、编制依据、工作准备、操作流程、操作步骤、安全措施、所需工器具等。

（3）无人机直升机巡检作业应有本单位相应的无人机直升机巡检作业应急处置预案，预案内容应包含无人机巡检作业危险点、风险预控措施、发生应急事件后的处置流程等。

（二）作业申请

完成了航线规划及安全保证措施后，为了确保巡检任务的顺利完成，在巡检作业开始时要进行如下一系列的报批手续。

（1）巡检作业前 3 个工作日，工作负责人应向线路途经区域的空管部门履行航线报批手续。

（2）巡检作业前 3 个工作日，工作负责人应向调度、安监部门履行报备手续。

（3）巡检作业前 1 个工作日，工作负责人应提前了解作业现场当天的气象情况，决定是否能够进行飞行巡检作业，并再次向当地空管部门申请放飞许可。

（三）巡检设备准备

出库前根据多旋翼无人机巡检作业指导书所列的有关项目，做好设备检查，以防遗漏设备、工器具及备品。

任务载荷是完成巡检任务的一个重要组成部分，维护人员应定期对其挂载的照相机、摄像机等电池进行充电，确保所有电池处于满电状态。中型无人机应常备有 2 次正常任务飞行所需的油料，小型多旋翼无人机应有 5 组及以上备用电池，并应定期充满电。

（四）人员准备

无人机操控作业人员是整个巡检任务顺利完成的重要保障，在执行巡检任务时对操控作业人员有明确的要求：

（1）作业人员应身体健康，无妨碍作业的生理和心理障碍。

（2）作业人员应进行多旋翼无人机培训学习，参加该机型无人机理论及技能考试并合格。

（3）作业人应具有 2 年及以上高压输电线路运行维护工作经验，熟悉航空、气象、地理等相关专业知识，掌握 DL/T 741—2019《架空输电线路运行规程》有关专业知识，并经过专业培训，考试合格且持有上岗证。作业人员分工见表 8-3。

表8-3　作业人员分工

角色	人数	分工
工作负责人	工作负责人1名，负责工作组织、监护，现场整体管控	担任工作负责人的人员必须在航巡中心每年度发布的《电网输电专业无人机操作人员工作票签发人、工作负责人（安全监护人）通知》文件的名单中选择
无人机操控手	无人机操控手1名，负责无人机巡检系统飞行控制	由Ⅲ级及以上巡检人员现场作业

注：作业人员资格评定，由航巡中心定期发布的人员资质名单决定。Ⅰ级巡检人员允许独立作业；允许超视距作业。Ⅱ级巡检人员允许视距内开展独立作业；在设有安全专职监护人情况下允许超视距作业。Ⅲ级巡检人员允许两人以上共同作业；在视距内开展巡检作业；开展巡视工作过程中需设专职监护人员。Ⅳ级巡检人员禁止操作无人机开展巡视作业，只可担任无人机现场监护人员，参与陪飞工作。

四、巡检作业

（一）巡检作业安全要求

在开展无人机巡检工作时，要将工作过程中的安全问题放在首位，在巡检作业时要严格遵守巡检作业安全要求，确保巡检工作安全有效地进行。

作业应在良好天气下进行。遇到雷、雨、雪、大雾、霾及大风等恶劣天气时禁止飞行。在特殊或紧急条件下，若必须在恶劣气候下进行巡检作业时，应针对现场气候和工作条件，制订安全措施，经本单位主管领导批准后方可进行。

针对无人机与地面测控系统的无线通信频道，每次巡检作业前应使用测频仪对起降区域进行频谱测量，确保无相同频率无线通信相干扰。

巡检作业时，若需多旋翼无人机转到线路另一侧，应在线路上方飞过，并保持足够的安全距离。严禁无人机在变电站（所）、电厂上空穿越。相邻两回线路边线之间的距离小于100m（山区为150m）时，无人机严禁在两回线路之间上空飞行。

巡检作业时，多旋翼无人机应远离爆破、射击、打靶、飞行物、烟雾、火焰、无线电干扰等活动区域。

巡检作业时，严禁多旋翼无人机在线路正上方飞行。多旋翼无人机飞行巡检时与杆塔及边导线的距离应不小于表8-4规定的安全距离；同时为保证巡检效果，无人机与最近一侧的线路、铁塔净空距离不宜大于100m。

表8-4　多旋翼无人机飞行巡检时与杆塔及边导线的最小安全距离

（单位：m）

类别	水平安全距离	周边障碍物距离	设备距离
中型多旋翼无人机	30	50	25
小型多旋翼无人机	—	10	5

（二）中型多旋翼无人机巡检作业

在无人机开始巡检工作时，要做好充足的准备工作。各操作人员按照职责分工对多旋翼无人机各部件进行起飞前准备和检查工作，确保无人机处于适航状态。

主要的检查和准备工作如下。

（1）燃油加注。确保所有机上电器开关处于关闭状态，根据航线规划注入足够的油量，加油后应目视检查所有的燃油管路、接头和部件，确保没有漏油迹象。如使用加油机加油，加油机应做好防静电接地。

（2）布置测控地面站。将测控地面站发电机安置在离测控车大于 10m 处（注意应选择在下风口），并打入接地桩接地；测控车也要进行接地操作，然后才能连接测控地面站。

（3）架设遥控、遥测天线，并检查确保设备的正常供电工作。

（4）检查发电机、车上电源系统、UPS 等无异常后按顺序打开测控设备，启动地面站。

（5）起飞前再次确认气象情况，确保大气温度、风速等环境条件不超过各类型旋翼无人机的飞行限制值。如果有以下天气情况，不得进行飞行作业：

① 下暴雨、下雪或闪电打雷等天气。

② 风速有可能超过该机型抗风限值。

（6）确认可见光设备、红外线热像仪、紫外仪等具备充足的电源供应。

（7）无人机启动未升空前应在测控地面站上对任务吊舱进行操控检查，确保各功能使用正常。

在无人机起飞时，要对无人机起飞环境和机体进行全面详细的检查：

（1）无人机启动过程应确保机体周围（大型机：15m；中型机：10m 范围内）无人员。

（2）内、外操纵手确认机体无异常，遥控界面的上行、下行数据无异常后方可启动无人机，启动后无人机在地面预热 1～2min。

（3）无人机起飞可选择全自主起飞或增稳模式起飞。如在增稳模式下起飞无人机，在无人机离地面 4～5m 的高度时应悬停 10～20s，观察发动机的转速、无人直升机的振动和整机的响声是否正常，确认正常后，方可继续升空至 20m 左右悬停，待转入程控飞行执行巡检任务。

完成巡检相关的设备准备工作和无人机的准备工作后，进行飞行巡检，在巡检时要严格遵守以下操作规定：

（1）无人机飞行过程中需严格注意，不得使无人机进行任何超过其飞行限制的飞行。

（2）无人机起飞后地面站操作人员应密切关注无人机各项参数，如转速、高度、油量等，同时密切关注监控画面，发现异常应立即汇报并进行相关处理。

（3）无人机进入设定的航线后，任务操作手通过任务窗口进行巡检作业时，还应根据所观察到的图像判断无人机所处环境、飞行姿态、航线飞行是否正常，存在非正常状态或突发状况时应立即报告内控操作人员以便进行飞行控制。

完成设定的架空输电线路巡检任务后，进行无人机的回收操作，在无人机返航降落时根据相关的安全操作规范进行回收，具体内容如下：

（1）巡检任务结束后无人机返航，返回至降落点上方并悬停。

（2）降低无人机高度至25m左右，确认降落地面平整后方可进行降落操作。

（3）多旋翼无人机降落采取增稳模式手动降落。

（4）降落时应注意观察垂直下降率，确保无人机下降率不超过1.5m/s。

（5）在无人机桨叶还未完全停止下来前，严禁任何人接近无人机。

巡检工作结束后，为了准备下一次飞行，需要对多旋翼无人机进行检查，以确保所有部件的正常，并同时填写多旋翼无人机运行日志，并完成各种履历表记载。飞行后的检查项目同飞行前的检查项目。

设备检查完毕，做好相关记录后，进行设备撤收，定置安放各种设备。

（三）小型多旋翼无人机巡检作业

小型多旋翼无人机的巡检作业操作与中型多旋翼无人机类似，都要按操作规程进行相应的检查操作：

（1）操作人员应对小型多旋翼无人机系统各部件进行起飞前检查，确保无人机处于适航状态。

（2）检查机载电池、相机电池是否满电，以满足整个航程及任务巡检的电量需要。

（3）任务操作手通过任务窗口进行巡检作业时，同时还应根据所观察到的图像判断无人机所处环境、飞行姿态、航线飞行是否正常，存在非正常状态或突发状况时应立即报告内控操作人员以便进行飞行控制。在巡检完成后，根据中型多旋翼无人机回收步骤进行飞行器的回收，安全回收后对无人机进行全面的检查，完成飞行日志和各种履历表的下载，并对机体进行检查和维护，为下次使用做好准备。

五、巡检数据处理

巡检结束后，将任务设备的巡检数据及时导出，并对巡检中发现的异常情况进行整理，形成巡检记录。根据最终的巡检记录通过人工判读或者AI算法识别的方式初步筛选出疑似缺陷，并递交设备运维单位分析判定。在发现重大或者不确定缺陷时，组织人员去现场进行查看并根据实际情况进行判定。最后，应将巡检中发现的缺陷及时移交属地管理单位检修处理，由检修人员负责进一步筛查后组织检修作业。

人工缺陷识别：巡检结束后，应及时将任务设备的巡检数据导出，对巡检中发现的相关异常情况应及时整理，作业人员应及时将巡检记录单、巡航照片、录像递交运检单位，分析判定以确立后续措施。整理后的巡检数据需经工作负责人签字确认，经过确认的缺陷及外部隐患按照既定流程及时上报。

AI算法缺陷识别：随着无人机技术迅速发展，人工每天需要处理识别的照片与日俱增，传统的人工图片识别无法将输电线路的运行情况进行及时反馈，这些都给输电线路运维工作带来了巨大挑战。如今 AI 技术高速发展，公司建设了电网精细缺陷库，并根据输电线路相关规范构建了新的缺陷识别系统，应用 AI 技术构建了典型缺陷识别模型库，对应不同类缺陷构建缺陷识别算法，改善了细小金具识别率低、误报率高的问题；系统依据识别结果自动生成缺陷报告，节省大量人工；模型自我迭代学习，不断提升精度。

多旋翼无人机巡检中如发现可疑缺陷但无法明确地判定，应另委派人员进行人工巡查，现场判定。巡检结果判定要在规定时限内完成，以确保整个输电线路的安全有效运行。巡检数据要进行最后的备份、归档操作，而且档案至少保留 2 年，以备后期的检查监督。

六、应急措施

（一）安全策略

为了保证巡检任务的安全顺利完成，在多旋翼无人机巡检前应设置失控保护、半油返航、自动返航等必要的安全策略。如遇天气突变、无人机出现特殊情况或身体出现不适或受其他干扰影响作业时应进行紧急返航或迫降处理。当多旋翼无人机发生故障或遇到紧急的意外情况时，除按照机体自身设定应急程序迅速处理外，须尽快操作无人机迅速避开高压输电线路、村镇和人群，确保人民群众生命和电网的安全。

应采取有效措施防止无人机巡检系统故障或发生事故后引发火灾等次生灾害。无人机巡检系统发生坠机等故障或事故时，应妥善处理次生灾害并立即上报，及时进行民事协调，做好舆情监控。

（二）应急处置

多旋翼无人机发生故障坠落时，工作负责人应立即组织机组人员追踪定位无人机的准确位置，及时找回无人机。因意外或失控，无人机撞向杆塔、导线和地线等造成线路设备损坏时，工作负责人应立即将故障现场情况报告分管领导及调控中心，同时，为防止事态扩大，应加派应急处置人员开展故障巡查，确认设备受损情况，并进行紧急抢修工作。因意外或失控坠落引起次生灾害造成火灾，工作负责人应立即将飞机发生故障的原因及大致地点上报并联系森林火警，按照《输电线路走廊火烧山事件现场处置方案》部署开展进一步工作。发生故障后现场负责人应对现场情况进行拍照和记录，确认损失情况，初步分析事故原因，填写事故总结并上报有关部门。同时，运维单位应做好舆情监督和处理工作。

第九章

无人机巡检系统维修保养

第一节　维修保养概述

维修是指无人机机身表面出现损坏，如裂纹、变形等明显特征导致飞控系统、通信系统、任务载荷系统等出现故障，无人机设备无法正常使用时，需要第一时间进行修理恢复。

保养是指定期或有计划对无人机巡检系统、无人机巡检系统元件、零件和部件，进行检查、清理、更换、调节和调整，使无人机巡检系统能正常运行的手段。它不但可以延长无人机设备寿命，也有助于预防事故和降低维修成本，保护设备性能。由于无人机系统的特殊性，保养工作在技术上和操作上变得尤为重要，特别是安全方面的工作，必须按照《无人驾驶航空器系统作业飞行技术规范》（MH/T 1069—2018）中关于维修保养的技术要求严格执行，才能有效避免可能发生的事故。

随着电网建设不断发展，无人机作为一种飞行器，已普遍参与电力行业的各个方面，然而无人机在长时间使用后出现故障或损坏的情况也是一个普遍存在的问题，这使得无人机维修保养尤为重要。

以新疆电力公司为例，目前无人机维修、保养仍处于初级阶段，绝大部分人员在使用无人机过程中出现故障，可以根据故障报警信息进行简单的维护处理，但出现机体损坏、硬件故障时，则束手无策，需借助更专业的机构对无人机设备进行维修。为方便服务于新疆电力公司所属各单位，新疆电力公司特挂牌成立了国网新疆电力有限公司航巡中心维保中心，致力于做好无人机设备的维修与保养，为公司航巡业务发展保驾护航。

第二节　维修保养目的

维修目的：经常保持设备的良好技术状态，延长使用寿命，保证可靠性能，连续不断进行生产。

保养目的：延长无人机巡检系统的使用寿命；改善无人机巡检系统的运行性能；提高无人机巡检系统的安全性能；提高无人机巡检系统的效能；减少无人机巡检系统的维修和检修量；减少无人机巡检系统出现故障的可能性。

第三节　维修保养类型

一、维修类型

小修理：这种维修涉及修复或更换部分磨损较快的部件，以及调整设备的局部结构，以确保设备能够继续正常运行至计划的下次修理时间。

中修理：这种维修包括对设备的部分解体、修理或更换主要零件及基准件，并进行整体系统的检查和调整，以恢复设备的原有性能。

大修理：这种修理是一种全面的修理，可能涉及更换关键零部件，以恢复设备的原有性能。

二、保养类型

基础保养：全面检测升级和深度清洁，能降低日常环境对无人机造成的影响，减少不必要的损耗，主要包含深度清洁、部件检测、升级校准。

常规保养：除了全面检测升级和深度清洁外，增加了易损耗零部件更换项目，确保无人机始终保持卓越的飞行性能，主要包含深度清洁、部件检测、升级校准、易损件更换。

深度保养：在常规保养计划的基础上，增加了无人机核心部件更换项目，确保无人机持续拥有良好的动力，主要包含深度清洁、部件检测、升级校准、易损件更换、核心部件更换。

无人机保养的有效执行对保护飞行安全至关重要，然而，由于无人机的日常保养需求量大，要求严格，无人机保养工作也会花费大量的时间，且无人机属于高度精密设备，需要检查的地方也很多，所以在无人机保养的过程中，需要不断总结经验，建立一套完善的流程，以便更好地完成无人机保养工作。

第四节　维修保养的流程

一、无人机保养管理流程

设备单位每年需定期制定无人机保养计划，并将保养计划反馈至航巡中心维保中心；维保中心完成设备保养后，出具设备保养报告反馈给各单位，并做好相应保养记录。

无人机设备保养到期后，由无人机自主巡检微应用系统进行实时推送，设备单位需在微应用系统内进行申请保养，并邮寄无人机设备至维保中心，维保中心在收到设备并对设备开箱清点检查完成后，受理保养，完成保养后出具保养报告并将无人机设备寄回设备单位。具体操作流程如下。

第一步：维保申请。

（1）由申请单位进入微应用系统提交线上申请，单击维保申请，如

图 9-1 所示。

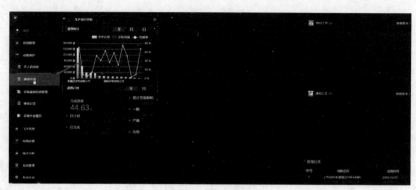

图 9-1　维保申请

（2）单击新增维保申请，填写申请单位、保养类型、维保机型等信息，所有信息填写完成后，单击"确认"，确认提交后，维保单将派送至维保中心，如图 9-2 所示。

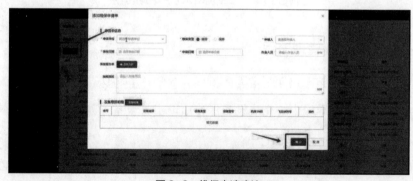

图 9-2　维保申请确认

第二步：维保中心接收入库。

（1）进入微应用界面，单击维保记录，单击维保申请单，确认接收入库，如图 9-3 所示。

（2）单击入库设备详情，下载维保卡，维保卡作为无人机识别的唯一识别码，将与无人机走完全部流程，如图 9-4 所示。

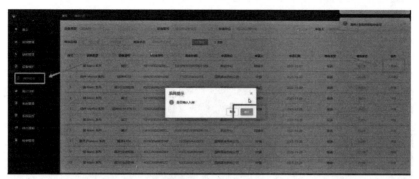

图 9-3　维保申请单

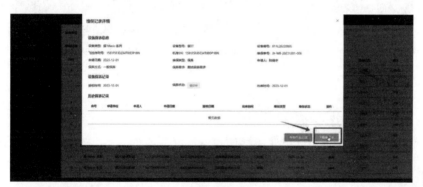

图 9-4　维保完成

第三步：扫码登记。

进行扫码登记，将无人机基本信息录入系统，填写登记人信息并提交，如图9-5所示。

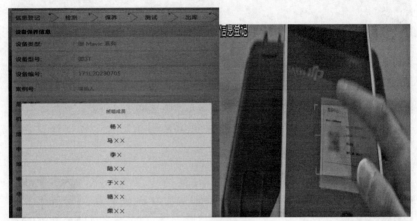

图9-5 扫码登记

第四步：扫码检测

扫码开始检测，将损坏或需保养部位进行拍照上传，将检测结果上传至系统，如图9-6所示。

图9-6 扫码检测

第五步：扫码保养。

扫码查看检测结果，根据检测结果开始保养，保养结束后，对飞行器固件进行升级校准。登记保养部件、升级结果，上传至系统，如图 9-7 所示。

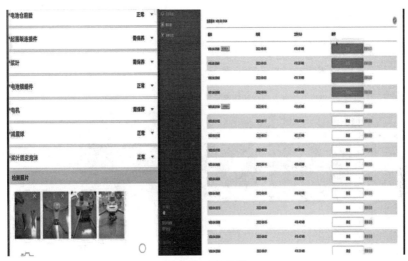

图 9-7　扫码保养

第六步：扫码测试。

保养完成后进行检测，查看飞行器系统是否正常，将检测结果及照片上传至系统，如图 9-8 所示。

第七步：扫码出库。

扫码出库，添加出库日期，识别运单号。对无人机维保卡、运单号进行拍照，上传至系统，如图 9-9 所示。

第八步：系统生成报告。

保养完成后，系统自动生成无人机设备维修保养检测报告，单击下载报告可查看无人机保养全部内容，APP 端和 PC 端均可在线查看报告。至此无人机保养留存全部结束，待送检单位收到设备后，流程闭环，如图 9-10 所示。

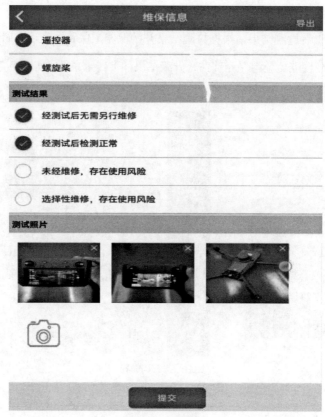

图 9-8　扫码测试

二、无人机维修管理流程

设备单位上报无人机事故并报告至航巡中心，联系售后将无人机设备邮寄至售后单位，由售后单位分析事故原因，出具设备维修清单及检测报告并反馈给设备单位，设备单位接收设备后做好记录资料并归档。

若无人机设备出现事故，应在 12h 内联系售后单位，并拍摄现场照片进行反馈。

无人机设备维修流程及内容如图 9-11 所示。

信息登记 〉	检测 〉	保养 〉	测试 〉	出库 〉

设备保养信息

设备类型:	御 Mavic 系列
设备型号:	御3T
设备编号:	171L20230705
案例号:	请输入
是否返厂:	否
机身SN:	1581F5FJD239800DR770
*接收日期:	2023-11-29
*返回日期:	2023-11-29
*运单号:	请输入
*出库日期:	2023-11-29
*登记人:	请输入

出库照片

图 9-9　扫码出库

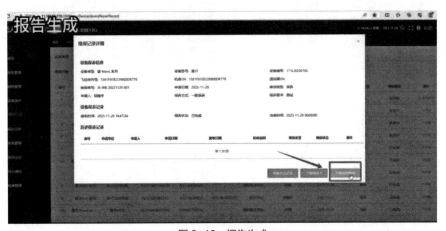

图 9-10　报告生成

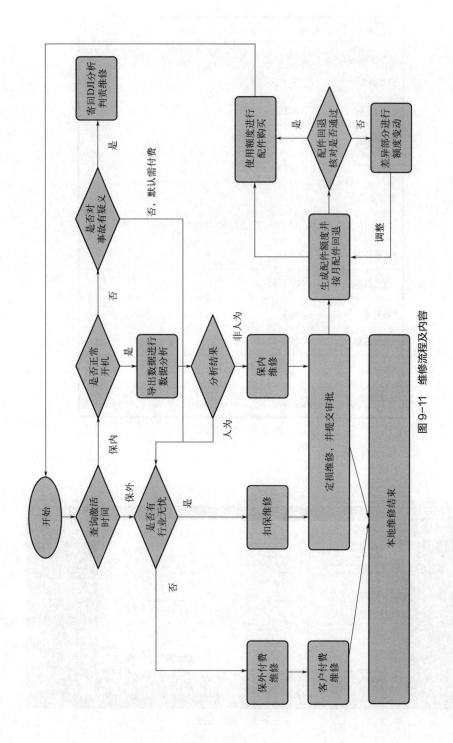

图 9-11　维修流程及内容

本地维修主要分为四个阶段：

（1）收集并创建本地维修案例；

（2）定损、领料、维修；

（3）飞行测试、发件；

（4）反馈服务满意度。

第五节　维修保养作业注意事项

保证闭环、正确、及时地填写维修记录表，竣工后，应详细地对所维修项目进行质量自检；未经同意不得随便增、减修理项目；维修过程中发现增加项目应及时上报；更换零配件时，不匹配的零配件不允许安装。备件发放实行以坏换新，丢失、故意损坏要照价赔偿或自行购置补充；维修人员必须经过专业技能培训，持证上岗；作业人员必须正确使用劳动保护用品；作业平台、支垫、支架等必须牢固，承受物品不得超重；维修结束后要认真做好维修资料的归档工作。过程数据应准确记录，便于设备信息归纳整理和分析；维修人员对无人机设备检查出的问题应及时整理解决，并将结果反馈给负责人，明确应注意事项；无人机设备维修后应进行自检校验，要坚持不符合设备质量标准不交工、没有维修记录不交工。

保养注意事项：保养人员必须经过专业技能培训，持证上岗；保养结束后要认真做好保养资料的归档工作。过程数据应记录准确，便于设备信息归纳整理和分析；更换的替代零件应可靠，有质量保证；检查、更换零件要求合格，工具准备齐全；所有的螺钉在安装时必须打螺钉胶；维修时应仔细操作，不合理的拆装会加速设备损坏，造成事故；定期检查、保养时间要准确；设备保养后，保养单位应进行设备清点核对，避免设备损坏、丢失；保养单位应按技术规定周期将设备返还至使用单位。

第六节 维修保养内容及周期

一、保养内容

1. 机身保养

检查无人机机身的螺钉是否松动，机臂是否有裂痕或破损，见图 9-12。确保 GPS 上方和起落架的天线位置没有影响信号的物体，如导电介质的贴纸等。避免在恶劣环境下（如沙土、起雾、下雨或下雪）使用无人机，表 9-1 所示为机身保养时所涉及的无人机组件检查项样例。

图 9-12 检查机身螺钉是否松动

表 9-1 无人机机身组件检查项样例

检查位置	检查内容
上盖	检查是否有破损、裂缝、变形等
下壳	检查是否有破损、裂缝、变形等
桨叶	检查是否有弯折、破损、裂缝等
电机	不通电情况下手动旋转电机是否存在不顺畅、电机松动等现象
电调	电调是否正常工作，无异物，无水渍
机臂	机臂有无松动、裂缝、变形等

续表

检查位置	检查内容
机身主体	整体有无松动、裂缝、变形等
天线	检查是否有破损、裂缝、变形等
脚架	检查是否有破损、裂缝、变形等
遥控器天线	检查是否有破损、裂缝、变形等
遥控器外观	检查是否有破损、裂缝、变形等
遥控器通电后	测试每一个按键，功能是否正常有效
对频	机身与遥控器是否能重新对频
自检	确认通过软件或机载模块自检通过并无报错
解锁电机测试	空载下检查无异响和双桨
电池电压检测	插入电池可正常通电，电芯电压差是否正常
云台减振球	减振球是否变形、硬化，防脱落绳是否松动破损
桨叶底座／桨夹	桨叶底座／桨夹是否松动、破损
视觉避障系统检查（如有）	检查视觉避障系统是否能检测到障碍物
电池仓	电池插入正常，没有过松过紧

2. 电机保养

清理并擦拭电机和电机接线处（图 9-13），特别是在灰尘较多的环境中飞行后。检查接线盒的接线螺栓是否松动或烧伤。检查固定部位的螺栓，如有松动应及时拧紧。检查电机转动是否正常，如有异常摩擦、卡阻、窜轴或异常响声，应及时处理。

图 9-13　清理擦拭电机

3. 电池保养

检查电池外观是否有鼓包，注意温度对电池的影响，电池保存温度为 22 ~ 28℃，避免存放在低于 -10℃ 或 45℃ 以上的环境中。长时间不使用时，将电池存放在阴凉干燥的地方。电池每隔 3 个月或 30 次充放电后，需要进行一次充电和放电过程。在将电池安装或拔出飞行器之前，须保持电池的电源关闭，勿在电源打开的状态下拔插电池，否则会损坏电源接口。飞行器安装的两块电池，电池电压须相同，电池拔出后，要及时盖好插座防尘盖子。充电时应保证电池和充电器周围无易燃、可燃物的物品，电池充放电要严格按照使用说明书要求执行。为避免电池使用寿命的损害，禁止在飞行结束后，立即对电池进行充放电，应等电池温度降至常温后再进行充放电。冬季电池使用前，需将电池放置在不低于 20℃±5℃ 的环境中进行保存。起飞前需将飞机保持悬停 1min 左右，让电池利用内部发热，自身预热。无人机电池擦拭、清灰如图 9-14 所示。

图 9-14   无人机电池擦拭、清灰

4. 升级校准

无人机机身及遥控器等设备 IMU、指南针及遥控器摇杆等组件需要进行定期校准，以保证良好的运行状态，在进行保养时需要对其进行校准

检查，判断 IMU、指南针、摇杆、避障模块（如有）等是否能正常校准，并检查其工作状态是否正常。定期更新无人机设备各固件来保证无人机功能的更新与稳定，无人机升级校准示例详见表 9-2。

表 9-2　无人机升级校准示例

校准位置	校准内容
APP 内 IMU 校准	通过遥控器或 APP 提示校准，校准是否通过
APP 内指南针校准	通过遥控器或 APP 提示校准，校准是否通过
RC 摇杆校准	在 APP 或遥控器上选择 RC 摇杆校准
视觉系统校准	通过调参校准飞行视觉传感器
RTK 系统升级（如有）	通过调参查看是否升级成功
遥控器固件升级	通过遥控器固件查看是否升级成功
电池固件升级	通过调参 /APP 查看所有电池是否升级成功
飞行器固件升级	通过调参查看是否升级成功
RTK 基站固件升级（如有）	检查 RTK 基站固件是否为最新固件
云台校准（如有）	通过 APP 校准云台

5. 机体清洁

机体清洁主要是指对无人机本体进行完整清灰去污，将无人机外观及部件状态基本恢复到出厂水平，由于无人机机身并非完全封闭系统。在使用过程中，灰尘污垢会有一定概率进入机身内部，在进行清洁时也需要清理机身内部，确保无人机不会因内部堵塞等造成故障。表 9-3 列出了无人机进行清洁时需要注意清理的部位。无人机外壳清洁如图 9-15 所示。

表 9-3　无人机机体清洁

清洁位置	检查内容
胶塞	是否松脱、变形
旋转卡扣	卡扣是否破损、有无异物
电机轴承	清理存在的油污、泥沙等异物
遥控器天线	天线是否破损

续表

清洁位置	检查内容
遥控器胶垫	胶垫是否松弛，有无泥沙、灰尘等
结构件外观	连接件是否破损、磨损、断裂，有无油渍、泥沙等
机架连接件及脚架	是否破损、磨损、断裂，有无油渍、泥沙等
散热系统	散热是否均匀，没有异常
舵机及丝杠连接件	外观是否变形，有无泥沙、油污，启动是否顺滑
遥控器连接口	各接口是否接触不良，连接不顺畅

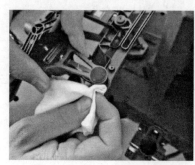

图 9-15   无人机外壳清洁

6. 组件更换

组件更换是指对检查中发现无人机设备出现外观瑕疵、功能性故障的组件进行更换处理。在定期保养的过程中也会对无人机机身上易出现老化磨损的固件进行统一的更换处理，确保无人机机体结构强度与稳定性符合作业要求，通常情况下无人机因其结构差异，产生老化与磨损的组件也不尽相同，通常易出现老化的组件主要是橡胶、塑料或部分金属材质与外部接触或连接部位的组件以及动力组件等，如减振球、摇杆、保护罩、机臂固定螺钉、桨叶、动力电机等。更换减振球、摇杆如图 9-16 所示。

7. 任务载荷维修保养

无人机任务载荷分为各种不同类型，如云台相机、喊话器、探照灯、机载激光雷达、多光谱相机等。不同的设备具体的处理保养方式也不尽相

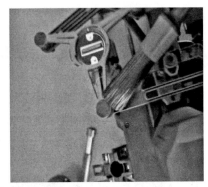

图 9-16 更换减振球、摇杆

同，特殊的载荷装置需要依据其自身技术特点进行特殊的维护保养，具体的保养模式应与载荷设备提供商沟通，形成针对性的保养处理解决方案。以无人机标配挂载设备云台相机保养为例，见表 9-4。云台相机清灰如图 9-17 所示。

表 9-4 云台相机的基本保养

检查项目	保养位置	保养内容
挂载部件检查	云台转接处	是否有弯折、破损、氧化发黑，是否可安装到位
	接口松紧度	是否可安装到位，有无松动情况
	排线	是否有破裂或扭曲、变形
	云台电机	手动旋转电机是否存在不顺畅、电机松动、异响
	云台轴臂	是否有破损、磕碰或扭曲、变形
	相机外观	是否有破损、磕碰等
	相机镜头	是否刮花、破损
	外观机壳	检查是否有破损、裂缝、变形
挂载性能检测	对焦	对焦是否存在
	变焦	变焦是否正常
	拍照	拍照正常，照片清晰度正常
	拍视频	拍视频正常，视频清晰度正常
	云台上下左右控制	YRP 各轴是否转动顺畅，是否有抖动异响，回中时图像画面是否水平居中
	SD 卡格式	格式化是否成功

续表

检查项目	保养位置	保养内容
挂载校准升级	云台自动校准	云台自动校准是否成功通过
	相机参数重置	相机参数是否重置成功
	云台相机固件版本	固件版本是否可见
	固件更新及维护	确保固件版本与官网同步

图 9-17　云台相机清灰

特殊环境对无人机的损害及保养方式，如表 9-5 所示。

表 9-5　特殊环境对无人机的损害及保养方式

特殊环境	对设备的影响	保养方式
高温	电池寿命减少：无人机使用的电池在高温环境下更快地消耗电量，导致无人机的使用时间缩短。 飞行性能下降：高温环境下，无人机的飞行稳定性可能会下降，因为热空气可能会使无人机的飞行受到干扰，无人机的悬停能力和垂直起降能力也可能会受到影响	作业前对无人机设备进行全面检查，确保设备状态良好；在对无人机设备及电池运输时做好防晒措施，避免直接暴露在高温环境中；操作人员在作业过程中，务必预留充足的返航电量
低温、	电池寿命缩短：低温条件下，电池的容量和电流输出都会显著降低，造成电量不足或电量不稳定，影响无人机的飞行时间和稳定性。 电子设备故障：低温环境下，无人机的各个电子元件容易出现故障，如失灵、死机等，影响无人机的正常运作	冬天在室外作业时，提前对无人机电池进行加热，并在作业过程中预留充足的返航电量；作业过程中，时刻注意无人机设备的健康状态，若出现故障预警，须第一时间结束作业，进行迫降或返航

续表

特殊环境	对设备的影响	保养方式
大风	在强风天气下，无人机不仅会因为受风阻而导致油耗增加，还会出现飞行不稳定、失控等安全隐患	作业前认真检查无人机各部件连接螺栓是否紧固，检查机臂、桨叶等是否有破损、裂纹，以确保无人机设备状态良好
沙尘	无人机在飞行过程中如果遇到沙尘暴等恶劣天气，沙子会进入无人机内部，对电子元件造成损坏；沙子会使电机的运转过程出现不平衡情况，增大电机的磨损，进而影响飞机稳定性	每次作业结束后，及时完成无人机设备及电机清理，作业过程中如出现严重的沙尘天气，及时终止作业
雨雪	低温雨雪条件下，若空气湿度比较大，无人机螺旋桨高速旋转时，极易在桨叶表面形成覆冰，造成无人机故障或者坠机。 除个别无人机具备防水功能，大多数无人机在雨雪环境中使用，因无人机设备密封性不同，会严重影响无人机设备的飞行性能，易造成安全隐患	程控手紧密观察无人机设备的状态，若发现电机转速异常，有异常刺耳或低沉的声响时，及时回收无人机设备。若作业过程中出现恶劣天气，须第一时间回收无人机设备
高海拔	在高海拔环境下，空气变得稀薄，空气密度降低会影响无人机的飞行稳定性。同时，温度变化也会影响无人机的飞行性能； 海拔高度的气压和温度变化，会影响电池的寿命。冷空气会让电池变得更加脆弱，而高海拔环境也会加速电池的老化	在高海拔地区提前更换使用高原桨；高海拔环境下使用无人机时，配备更高容量的电池，并预留足够多的备用电池

二、保养周期

无人机的保养周期见表 9-6。

表 9-6　无人机保养周期

保养类型	保养内容	保养周期
基础保养	深度清洁	参照具体的维护保养手册而定，但不得多于300 个起降架次或每月
	部件检测	
	升级校准	

续表

保养类型	保养内容	保养周期
常规保养	深度清洁	参照具体的维护保养手册而定，每 6 个月或 150 小时
	部件检测	
	升级校准	
	易损件更换	
深度保养	深度清洁	参照具体的维护保养手册而定，每 12 个月或 300 小时
	部件检测	
	升级校准	
	易损件更换	
	核心部件更换	

三、维修内容

无人机维修工作是指在无人机设备操作出现故障或损坏情况下，进行诊断、检查，对设备进行全面修理，包括更换机身外壳、电机、电池、飞行控制系统、任务载荷系统、通信系统等，以保证设备可以恢复至出厂状态，完美恢复设备的各项性能。

第七节　无人机维修保养系统管理

基于无人机自主巡检微应用系统线上管理，无人机维修保养结束后，由微应用系统自动生成维修保养报告，报告内容包含：设备维修保养信息、检测信息、检测照片、维修保养信息、测试内容、测试照片、出库信息等。

通过查看维修保养报告，可以了解设备的使用情况和历史，及时发现潜在的问题，并采取相应的措施进行维护和保养，确保其正常运行。同时，也可以为未来的维修和保养提供参考和依据。

第八节　维修保养成效

通过定期的维修保养，一方面可以极大提升航巡业务的安全效益，有效避免发生电网、设备、人身安全事故，减少无人机的损毁概率，提升生产效率；另一方面可以有效减少设备故障的发生率，提高设备的可靠性和稳定性，提高设备的使用寿命，从而节约生产成本，增加企业的经济效益。

第十章
展望

第一节　无人机巡检技术发展趋势

无人机巡检技术发展趋势呈现出以下几个方向。

（1）智能化与自主化：无人机巡检将越来越依赖于智能化技术和自主化技术。通过集成先进的人工智能算法和自主导航系统，无人机将能够实现更加智能化的巡检任务规划、自主巡航、目标识别与跟踪等功能。这将极大地提高巡检的效率和精度，降低人工干预的需求。

（2）高精度与多维化感知：随着传感器和成像技术的不断进步，无人机将能够搭载更加先进和高精度的传感器设备，如高分辨率相机、激光雷达、红外热像仪等。这些设备能够提供多维度的感知数据，包括可见光图像、三维点云、温度分布等，从而实现对电力设施更加全面和精细化的检测。

（3）数据处理与分析能力提升：无人机巡检将产生大量的数据，包括图像、视频、传感器数据等。为了有效地利用这些数据，需要不断提升数据处理和分析能力。通过引入高性能计算、云计算和大数据分析等技术，可以实现对巡检数据的快速处理、挖掘和分析，提取出有用的信息和特征，为设备状态监测、故障诊断和预测维护等提供有力支持。

（4）多无人机协同作业：未来，无人机巡检将不再局限于单架无人机的应用，而是会向多无人机协同作业的方向发展。通过引入多无人机协同控制、通信和数据融合等技术，可以实现多架无人机之间的协同作业和信息共享，提高巡检的效率和覆盖范围。

（5）安全性与可靠性增强：随着无人机巡检技术的广泛应用，安全性和可靠性将成为越来越重要的考虑因素。通过加强无人机的结构设计、材料选择、电池续航等方面的研究，可以提高无人机的稳定性和可靠性，减少故障和事故的风险。同时，还需要加强无人机的飞行安全管理和监管，确保无人机巡检的安全性和合规性。

第二节　无人机巡检在电力行业的未来应用

无人机巡检在电力行业的未来应用具有广阔的发展前景。随着技术的不断进步和电力需求的持续增长，无人机巡检将发挥越来越重要的作用，为电力行业的安全、高效运行提供有力支持。

首先，无人机巡检将进一步提高巡检的效率和精度。通过集成先进的导航、控制和传感器技术，无人机能够实现自主巡航、智能识别、高精度定位等功能，从而快速准确地获取电力设施的状态信息。这将大大减少巡检人员的工作量和时间成本，提高巡检效率，并降低人为错误的可能性。

其次，无人机巡检将扩展应用范围，覆盖更多类型的电力设施。目前，无人机巡检已经广泛应用于输电线路、变电站等电力设施的巡检中。未来，随着技术的进一步发展，无人机巡检将有望应用于风力发电、太阳能发电等新能源领域，以及配电网络、微电网等分布式能源系统中，这将使无人机巡检成为电力行业全面监控和管理的重要手段。

此外，无人机巡检还将与其他技术相结合，形成综合性的解决方案。例如，无人机可以与人工智能、大数据等技术相结合，实现对巡检数据的智能分析和处理，为设备状态监测、故障诊断和预测维护等提供更加全面和准确的信息。同时，无人机还可以与卫星遥感、地面监测等手段相结合，构建多维度的电力设施监控体系，提高电力系统的安全性和可靠性。

最后，无人机巡检的应用还将受到政策和法规的支持和引导。随着无人机技术的不断成熟和应用需求的增加，政府将出台更多相关政策和法规，规范无人机巡检的发展和管理，这将为无人机巡检在电力行业的广泛应用提供有力的政策保障。

综上所述，无人机巡检在电力行业的未来应用将更加广泛、深入和智能化。通过提高巡检效率和精度、扩展应用范围、与其他技术相结合以及受到政策和法规的支持，无人机巡检将为电力行业的安全、高效运行提供有力支持，推动电力行业的可持续发展。

第三节　无人机巡检面临的挑战与机遇

尽管无人机巡检在电力行业中展现出巨大的潜力和优势，但我们也必须正视其面临的挑战。首先，技术的不断创新和升级对于无人机巡检至关重要。随着电力系统的日益复杂和智能化，无人机需要搭载更先进的传感器和设备，以实现对电力设备的全面、精准检测。这要求我们不断加强技术研发，推动无人机技术的突破和创新。

其次，人才培养也是无人机巡检面临的重要挑战。随着无人机巡检的广泛应用，对于具备相关技能和知识的人才需求将不断增长。因此，我们需要加强人才培养和引进，建立一支具备高度专业素养和技能的无人机巡检团队，以支持无人机巡检在电力行业中的持续发展。

同时，无人机巡检的安全性和隐私保护问题也不容忽视。无人机的飞行和操作需要严格遵守相关法规和规定，确保不会对电力系统和公共安全造成威胁。此外，随着无人机在电力行业中的广泛应用，如何保护用户隐私和数据安全也成为了一个亟待解决的问题。因此，我们需要加大法规制定和执行力度，确保无人机巡检在合法、合规的前提下进行。

然而，尽管面临这些挑战，无人机巡检也带来了许多机遇。首先，无人机巡检可以大大提高工作效率和准确性。相较于传统的人工巡检，无人机可以更快地获取设施状态信息，减少巡检时间和人力成本。同时，无人机还可以通过搭载不同的传感器和设备，实现对设施的多维度检测，提高巡检的准确性和可靠性。

其次，无人机巡检还可以降低巡检工作的风险。在一些恶劣环境或难以到达的区域，人工巡检可能存在较大的安全隐患。而无人机则可以通过遥控或自主飞行的方式进行巡检，减少巡检人员的风险。

此外，随着技术的不断进步和应用范围的扩大，无人机巡检还将为电力行业带来更多的机遇。例如，无人机可以与人工智能、大数据等技术相结合，实现智能巡检和故障预警，提高电力系统的智能化水平。同时，无人机巡检还可以为新能源领域提供有力支持，如风力发电、太阳能发电等领域的设施监控和维护。

总之，无人机巡检作为电力行业巡检方式的重要补充和发展方向，将在未来发挥更加重要的作用。我们需要正视其面临的挑战，并抓住机遇，通过不断的技术创新和应用拓展，推动无人机巡检在电力行业中的持续发展。相信随着技术的不断进步和法规的完善，无人机巡检将为电力行业的安全、高效运行做出更大的贡献。

参考文献

[1] 符长青，曹兵 . 多旋翼无人机应用基础 [M]. 北京：清华大学出版社，2017.

[2] 孙毅 . 无人机系统基础教程 [M]. 陕西：西北工业大学出版社，2020.

[3] 于坤林，陈文贵 . 无人机结构与系统 [M]. 陕西：西北工业大学出版社，2020.

[4] 孙毅，王英勋 . 无人机驾驶员航空知识手册 [M]. 北京：中国民航出版社，2014.

[5] 鲁储生 . 无人机组装与调试 [M]. 北京：清华大学出版社，2018.

[6] 远洋航空教材编委会 . 无人机飞行原理与气象环境 [M]. 北京：北京航空航天大学出版社，
   2020.

[7] 顾诵芬 . 飞机总体设计 [M]. 北京：北京航空航天大学出版社，2002.

[8] 王志瑾，姚卫星 . 飞机结构设计 [M]. 北京：国防工业出版社，2007.

[9] 杨华宝 . 飞行原理与构造 [M]. 西安：西北工业大学出版社，2016.

[10] 贾恒旦 . 无人机技术概论 [M]. 北京：机械工业出版社，2018.

[11] 贾玉红 . 航空航天概论 [M]. 3 版 . 北京：北京航空航天大学出版社，2013.

[12] 徐华舫 . 空气动力学基础 [M]. 北京：国防工业出版社，1979.

[13] 陆元杰，李晶 . 多旋翼无人机的设计与制作 [M]. 北京：电子工业出版社，2020.

[14] 彭程，白越 . 多旋翼无人机系统与应用 [M]. 北京：化学工业出版社，2020.

[15] 于坤林 . 无人机维修技术 [M]. 北京：航空工业出版社，2020.